JN259143

# 光と電磁気 ファラデーとマクスウェルが考えたこと

**電場とは何か？ 磁場とは何か？**

小山慶太 著

ブルーバックス

カバー装幀／芦澤泰偉・児崎雅淑
カバー絵／牛尾 篤
本文図版・もくじ／朝日メディアインターナショナル

# はじめに

物理学という学問の特徴は、実験と理論が研究方法として明確に分業化されており、この二つを車の両輪として発展してきたことにある。分業化の結果、実験が事実を語る証拠を導き出し、理論がその解釈を下すという相互作用によって、物理学は諸科学の中でも際立って高い客観性、普遍性を手にしたのである。

こうした視点で歴史を眺めてみると、その典型、好例としてすぐに思い浮かぶのが、電磁気学の確立であろう。というのも、ニュートン力学と共に古典物理学の基盤を成すこの一大領域は、一九世紀、希代の一人の実験家と希代の一人の理論家の連係プレーを中心に体系化されたからである。ここで、実験家とは真理を嗅ぎつける天賦の才を称えられたファラデー、そして理論家とは数学の練達の士として知られたマクスウェルである。

そこで、本書では一九世紀を代表する二人の科学者を主人公に据え、電磁気学を軸にしてこの時代、前線を一気に拡大していった物理学の歩みをたどってみようと思う。

ところで、ファラデーとマクスウェルは実験家と理論家という対照的な役割を担っただけでなく、そうなるに至った出自、生い立ち、学歴を見ても、ことごとく対照的な人生を送ったことがわかる。

ファラデーは貧しい鍛冶《かじ》職人の家に生まれ、満足な学校教育を受けることもなく、一三歳でロンドンの製本屋に奉公に出されるという厳しい境遇に身を置いていた。それでも生来の旺盛な知的好奇心に駆られ独学をつづけ、幸運な偶然から、王立研究所の花形教授デイヴィーの助手に採用されたのを契機に、科学者としての道を歩み始めたのである。

したがって、数学を修得する機会に恵まれなかったファラデーであるが、そうしたハンディキャップを天性の実験センスで克服し、当時、まだまだ未開拓の段階にあった電磁気学や放電現象、光学、化学などの分野に数々の金字塔を打ち立てていった。その意味で、ファラデーは高等教育を受けなかった最後の大科学者といえそうである。実際、ファラデーの論文には数学がまったく使われていない。

これに対し、マクスウェルはファラデーが四〇歳で電磁誘導を発見した一八三一年、スコットランドの大地主の跡取りとして生まれた有産階級の出であり、ケンブリッジ大学を卒業した絵に描いたようなエリートである。そして、一〇代前半で早くも数学の論文をエジンバラ王立協会で発表、ケンブリッジでは数学の優等生試験で名を馳せた異能のもち主であった。

マクスウェルの数学の才は天文学、熱力学、統計力学などで発揮され、さらに、真理を嗅ぎつける特異な能力を使ってファラデーが発見した実験事実を数学の言葉で表現し、電磁気学をニュートン力学と並ぶ理論体系にまとめあげたのである。

こうして見てくると、実験と理論の歯車がみごとにかみ合い、ひとつの学問領域が形成されていく過程の背景には、二人の天才が育った対照的な環境がかかわっていたことがわかる。

彼らを取り巻く環境といえば、ファラデーが生涯を通し生活、研究の拠点としたロンドンの王立研究所と、マクスウェルがその草創期に所長をつとめたケンブリッジのキャヴェンディッシュ研究所の存在にも興味を引かれる。王立研究所は科学の啓蒙活動にも力を入れ、ファラデーの「ロウソクの科学」で有名なクリスマス講演の伝統はいまも、BBC放送を通して脈々と受け継がれている。一方、マクスウェルが研究体制の強化をまかされたキャヴェンディッシュ研究所は、二〇世紀に二九人ものノーベル賞受賞者を輩出する名門機関へと成長した。

一九世紀の科学史を飾った二人の天才の精神は二一世紀の現代も、それぞれゆかりの研究所に脈打っているのである。

もうひとつ時代を超えた彼らの貢献に触れるとすれば、電磁気学が完成されたからこそ、一九〇五年、アインシュタインが特殊相対性理論を提唱するに至ったことである。往々にして、相対論を論じるとき、対置する対象としてニュートン力学だけに目が向きがちであるが、電磁気学なくして、この革新的な現代物理学の理論は生まれなかったといえる。

それではこの辺で、以上述べた観点に注目しながら、二人の大科学者が実験家、理論家としてそれぞれの役割を果たしながら、今日につながる物理学を構築していく姿を、彼らの原著、手紙、日誌などにもとづいて見ていくことにしよう。

Fig. 8.

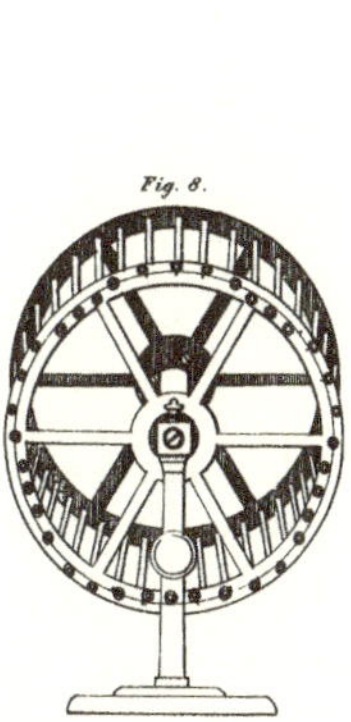

# もくじ



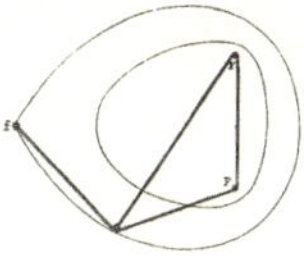

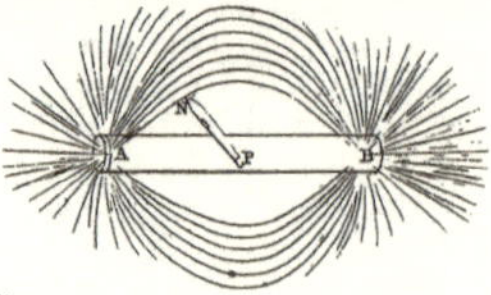

## 第4章 ファラデーと科学の劇場 150



## 第5章 マクスウェルと物理学の悪魔 192

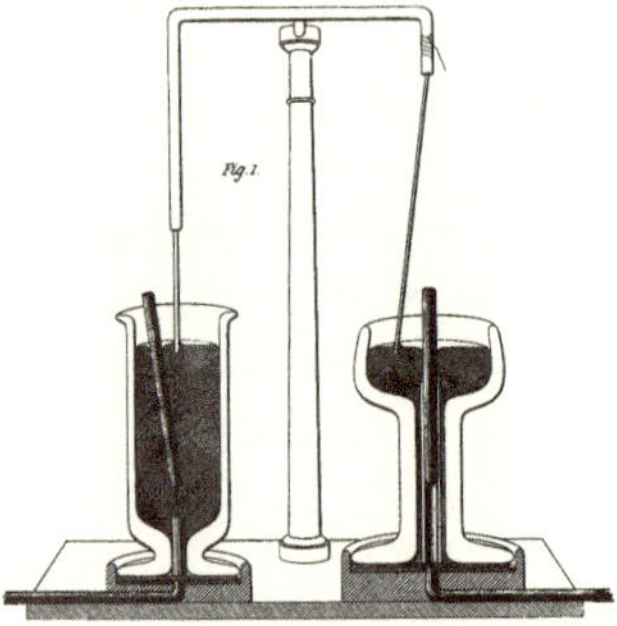

# 第１章　ファラデーと王立研究所

## 漱石とロンドンの王立研究所

一九〇〇（明治三三）年九月、夏目漱石は文部省給費留学生としてイギリスに赴くため横浜を出港、二年に及ぶロンドン生活を送ることになる。しかし、英文学の本場に身を置きながら研究に行き詰まりを感じ、泥沼の中でもがくような苦悩を味わっていた漱石は、文学と対照的な性格をもつ科学への関心を急速に深めていった。

そのきっかけをつくり、漱石に多大なる知的刺激を与えた人物に、ロンドンで邂逅《かいこう》した化学者の池田菊苗がいる（図１－１）。池田は漱石より三歳年長で、ライプチッヒ大学（ドイツ）での留学を終え、帰路、ロンドンに立ち寄ったのである。帰朝後間もなく、東京帝国大学教授となり、日本に物理化学の基礎を築いた人物として知られている。あるいは、「味の素」（うま味成分、グルタミン酸ナトリウム）の発見者と紹介した方がわかりやすいかもしれない。

二人の交流は、池田が漱石の下宿を訪れた一九〇一年五月五日から帰国の途に着く八月三〇日

図1-1　池田菊苗（『池田菊苗博士追憶録』）

までの四ヵ月足らずにすぎなかったが、文理の壁を越え、二人は肝胆相照らす仲となった。後年、漱石は『処女作追懐談』（明治四一年）の中で、当時の心境と池田の印象をこう綴っている。

留学中に段々文学がいやになった。西洋の詩などのあるものをよむと全く感じない。それを無理に嬉しがるのは何だかありもしない翅《はね》を生やして飛んでる人のような、金がないのにあるような顔して歩いて居る人のような気がしてならなかった。所へ池田菊苗君が独乙《ドイツ》から来て、自分の下宿へ留った。池田君は理学者だけれども話して見ると偉い哲学者であったには驚ろいた。大分議論をやって大分やられた事を今に記憶している。倫敦《ロンドン》で池田君に逢ったのは自分には大変な利益であった。御蔭で幽霊の様な文学をやめて、もっと組織だったどっしりした研究をやろうと思い始めた。

これを読むと、池田の影響を受け、漱石はまるで研究を文学から科学へ乗り替えようとでもしているかのような気負いを感じる。

ところで、二人が出会った翌日（五月六日）の漱石の日記を見ると、こう記されている。

池田菊苗氏ト Royal Institute ニ至ル
夜十二時過迄　池田氏ト話ス

深夜まで話し込んだことから、二人は会う早々、意気投合したことがうかがえるが、日記から、その日、漱石は池田と連れだって、アルベマール街の王立研究所（The Royal Institution of Great Britain、図1－2。なお、日記にある Institute は漱石の誤記）に足を運んでいたことがわかる。おそらく、ロンドンに到着したばかりで地理不案内な池田のために、漱石は下宿から同道したのであろう。

*A view of the facade after the columns had been added in 1838 (from a watercolour drawing by T. Hosmer Shepherd).*
PLATE IV

**図1-2　王立研究所の正面、1840年ごろ。T・H・シェファードの水彩画**（A. D. R. Caroe, “The House of the Royal Institution”）

王立研究所は一七九九年、「大英帝国の首都に、知識を普及し、有用な機械の発明と改良を促進させ、学術講演と実験を通して、科学を日常生活に役立てることを目的とした公共の機関を、寄付金によって設立する」という趣旨のもとに誕生した施設である（G. Caroe, "The Royal Institution", John Murray）。その豪壮、重厚な建物の前で、しばし佇《たたず》む二人の日本人の姿が目に浮かぶ。

## デイヴィー・ファラデー実験施設

池田が漱石に案内されて王立研究所を訪れたのは、研究所の隣に併設されていた「デイヴィー・ファラデー実験施設」（Davy-Faraday Research Laboratory）で短期間ながら、研究を行う計画を事前に立てていたからである。

この施設は一八九六年、篤志家のルードヴィッヒ・モンドの資金を基に開設された。モンドは外部の科学者にも研究所を開放し、独自の実験を行える場を提供したいと考え、隣接する建物を購入し、王立研究所に寄贈したのである。施設の名前は、王立研究所を生涯の活躍の舞台としたハンフリー・デイヴィーとマイケル・ファラデーに由来している。

ちょうど池田がロンドンに滞在中、彼の恩師に当たる化学者の桜井錠二（東京帝国大学教授）がこの施設を訪れており、その様子が『東洋学芸雑誌』に連載された「欧米巡回雑記」（一九〇二年五月～一〇月）の中で次のように報告されている。

倫敦《ロンドン》のデイヴィー・ファラデー実験施設は、もっぱら物理学及び化学上の事項を研究せんとするものに便宜を与え、もってこれを奨励し、斯学《しがく》の発展を図らんがために、モンド氏私財を投じてこれを設立せしものにして、これに入らんと欲する者は、国籍の如何に係ることなきも、既に充分の学力を有し、学術研究を遂行し得べきものに限られたることとなるが、別に入場料の如きものを徴することなきのみならず、設備も充分にして、機器等は自由にこれを使用するを得て重宝なることこの上なし。

理学士池田菊苗氏は先にライプチッヒを去りて当地に来り、同施設に於て研究中なりしが、余《よ》は同氏及び施設長スコット博士の案内にて、一日、これを参観せり。（引用は一部、現代風の表記に置き換えてある）

漱石もまた、池田の口を通して、デイヴィー・ファラデー実験施設の概要や、そこに名前を冠せられた二人の偉大な科学者について、下宿で話を聞かされていたのかもしれない（漱石と池田は五月五日から六月二六日まで同宿している）。

図1-3　デイヴィー　ハワード画、1803年（W. D. Hackmann, "Apples to Atoms", National Portrait Gallery, London）

図1-4　ファラデー　フィリップス画、1842年（W. D. Hackmann、前掲書）

## 一八一二年、王立研究所の大講堂

さて、それを遡る八九年前の一八一二年、一人の若い製本職人が王立研究所の大講堂で、大勢の観客にまじり、電気分解による元素の発見で知られる花形教授ハンフリー・デイヴィー（図1－3）の公開講座を、ノートを取りながら、熱心に聴き入っていた。その若者こそ、マイケル・ファラデー（図1－4）その人である。

科学知識の普及を設立趣旨のひとつに掲げていた王立研究所は、啓蒙活動の一環として、一般の人々を対象とした実験の実演にも力を入れていた。それを目的として、まるでオペラ劇場かコンサートホールのような大講堂が造られていた（図1－5）。いま、「大講堂」と訳した

**図1-5　大講堂　レイノルズ画、19世紀末**
（A. D. R. Caroe、前掲書）

が、そこは“Lecture Theatre”と呼ばれており、科学を楽しむ〝劇場〟であったのである。

演壇はデイヴィーが、そして後にファラデーが立った舞台であり、実験を通し科学の面白さがアピールされた。現代に比べ、娯楽の種類がはるかに乏しかった当時、科学のデモンストレーションは演劇や音楽などと同様、ショーとしての要素も強かったのである。そして、そこは上流階級の人々が着飾って集う社交の場でもあった。まさしく“Theatre”そのものである。

それにしても、懐に余裕があったとは思われない一介の製本職人が、なぜ、貴顕、貴婦人たちにまじって、デイヴィーの公開講座を聴く機会を得たのであろうか。

そこで、しばらく、一八一二年の王立研究所の大講堂に至るまでの経緯を、ファラデーの生い立ちをたどりながら見ていくことにしよう。

## 製本職人と科学

ファラデーは一七九一年九月二二日、テムズ川に架かるロンドン・ブリッジから南へ二キロメートルほど行ったニューイントン・バッツで生まれた。父は鍛冶《かじ》職人であったが病気がちで、一家の生活はいつも困窮していた。

そのため、ファラデーはほとんど学校へ行くことができず、早くも一三歳のとき（一八〇四年）、家計を助けるため、ロンドン市内の製本屋の使い走りとして働き始めた。店の主人はリボーというフランスからの移民である。初めは製本した本や新聞の配達をさせられていたが、奉公から一年後、ファラデーはリボーに目をかけられ、徒弟となり製本仕事の修業を積むこととなる。

おそらく、ファラデーは自分で考えて働く先を選んだわけではなかったと思う。そんな余裕はとてもなく、とにかく、どこでもいいから早く働き口をみつけたいという状況にあったはずである。製本屋リボーの使い走りに採用されたのは偶然であろう。ところが、その偶然が彼の人生を、そして科学の歴史を大きく変えることになる。

当時、富裕層の間には、自分の好きな本にモロッコ革の表紙をあしらい、そこに独自のデザインを施し、金箔で書名を打刻した蔵書をつくることを趣味とする人が多かった。夥《おびただ》しい数の豪華本が書斎や居間の書架に、金文字の背表紙を向けて、ずらっと並べられている光景が思い浮かぶが、それが知のディレッタントを自認するインテリ層のひとつの証《あかし》だったのであろう。リボーの店にもその手の製本の注文が多くきていた。

そうした職場環境に身を置くことになったファラデーは、生来、向学心が旺盛だったのであろう、仕事の合間や休みを利用して、製本を依頼された書物を貪るように読んだのである。学校に満足に通えなかった知的渇望を、仕事場の片隅での独学で埋めていったわけである。他の職種に就いていたら、おそらくこうした機会には恵まれなかったであろう。

ファラデーは中でも、電気と化学の本に関心を示し、読み耽っていたと伝えられている。そして、この事実がもうひとつの偶然として働いた。

というのも、電気と化学の分野は一八世紀末から一九世紀初めにかけ、ちょうど近代科学としての体裁を整えつつあったからである。すでに高度に数理化され、完成の域に達していた力学に比べ、後発の電気と化学はまだまだ未開拓の領域で、そこに興味を抱いた若い製本職人がやがて科学者となって活躍できる余地が、十分すぎるくらい残されていたのである。

ファラデーは製本のために預かった本を読むだけでなく、そこに書かれている記述にもとづいて、自ら実験装置を組み立てるようになり、科学への関心をさらに深めていった。

そうしたファラデーの知的好奇心溢れる姿に感心したダンスというリボーの顧客が、一八一二年、王立研究所で催された当代一の化学者デイヴィーの公開講座の切符をファラデーにくれたのである。これは科学の魅力にすっかりはまっていた若い製本職人にとって、まさに〝プラチナ・チケット〟であった。こうして、ファラデーは胸の昂《たかぶ》りを抑えながら、王立研究所の大講堂に足を踏み入れたのである。

それではここで、大科学者ファラデーを育てることになる王立研究所の設立の経緯を見ておくことにしよう。

## 王立協会会長バンクスとランフォード伯爵

一七九九年三月七日、ロンドンのソーホー・スクウェアにある王立協会会長ジョセフ・バンクス（図1-6）の屋敷に、貴族、聖職者、下院議員、銀行家などの上流階級の人たちが参集していた。王立協会の会員の一人であり神聖ローマ帝国の貴族ランフォード伯爵の提言により、ロンドンに科学の普及を目的とした新しい研究機関を創設する相談が行われていたのである。

ランフォードは本名をベンジャミン・トンプソンというアメリカ出身の軍人で、一七七六年、ヨーロッパに渡り、軍政と科学の分野で活躍した人物として知られていた。当時、熱の本性は「カロリック」と呼ばれる一種の元素（流体）とする説が主流であったが、ランフォードは一七九八年、王立協会の『フィロソフィカル・トランズアクションズ』誌に、実験をもとにした論文

「摩擦による熱の発生について」を発表、熱は物質を構成する粒子の運動とする説を唱えた。その後、一九世紀に入るとカロリック説は衰退し、ランフォードの説はエネルギー保存則と熱力学の確立につながっていくことになる。

さて、ランフォードの活動にはもうひとつ、科学の振興に対する貢献があった。一七九六年、ランフォードは王立協会に一〇〇〇ポンドの寄付を申し出ている。これを基金にして、二年に一度、熱または光の研究ですぐれた業績を収めた科学者を顕彰する「ランフォード・メダル」が創設された。制度が始まるのは一九世紀になってからであるが、歴代の受賞者の中にはファラデー、マクスウェルも名前を連ねている。

図1-6　王立協会会長バンクス
（W. D. Hackmann、前掲書）

そして、ランフォードは同時に科学振興策の一環として、王立研究所の誕生につながる研究機関を設置する案を打ち出したのである。

というわけで、一七九九年三月七日のバンクス邸はそれに向けた決起集会のような様相を呈したわけであるが、この計画が順調に進んだのは、なんといってもバンクスの力が大きかった。

バンクスは一七七八年、三五歳で王立協会会長に就任してから、亡くなる一八二〇年まで四二年間の長きにわたりその地位に君臨した、イギリス科学界の大物である（ちなみに、バンクスの後、王立協会会長を引き継ぐのがデイヴィーになる）。二〇代のときは三年間（一七六八〜七一年）、「エンデヴァー号」に乗船、世界周航の冒険をつづけ、南半球から三万点を超える植物標本をイギリスに持ち帰っている。その中には、新種が一四〇〇余りも含まれていた。

リンカンシャー地方の大地主であったバンクスは持てる財力を背景に、その後も多くの植物学者を世界各地に派遣し、珍しい植物の収集に情熱を傾けつづけた。こうして集められた標本は「バンクス・ハーバリウム」と呼ばれるようになるスケールの大きなコレクションを形成し、後に大英博物館に寄贈されるのである。

ところで、「エンデヴァー号」の周航を終えた一七七一年、バンクスは王室の侍医で王立協会会長プリングル（バンクスの前任者）を通し、国王ジョージ三世に引き合わされた。ジョージ三世は大の園芸好きとして知られ、また、バンクスの五歳年長と歳も近かったことから、初対面で国王と植物学者は早くも意気投合し、翌年、バンクスはキュー王立植物園の顧問を委嘱《いしょく》されるまでになった。

植物を通じて同好の士となった二人の間には固い信頼関係が生まれ、一七九九年、ジョージ三世はバンクスたちが立案した研究所の設立に勅許を下した。これを受け、バンクスは幅広い人脈をいかして寄付を募り、アルベマール街にあった広壮な建物を買収、ここに王立研究所が誕生したという次第である。

設計プランはランフォードによって描かれた。二階の見取り図には、王立研究所のシンボルとなる大講堂（Lecture Theatre、収容人員一〇〇〇名）が配置されている（図1－7）。半円形の室内に座席が急勾配の階段状に備えつけられており、どの位置からも講演者が行う実験が見やすいよう工夫されていた。また、音響学的な効果も配慮されており、まさに科学の劇場としての機能を有していた。

座席の位置は特定されていないが、一八一二年、ここでファラデーはデイヴィーが行う電気分解の実験に見入っていたのである。

なお、図1－8は一九世紀末、デイヴィー・ファラデー実験施設が増設されたときの二階部分の見取り図である（右端が増設箇所）。一九〇一年、漱石に案内された池田菊苗はここで約三ヵ月間、化学の実験を行ったのである。

## 王立研究所の花形教授デイヴィー

こうして建物が用意されれば、次は王立研究所の設立趣旨にふさわしい科学者の人選が重要となる。そこで、初代教授に就任したのは、グラスゴーのアンダーソン研究所で行う公開講座が評

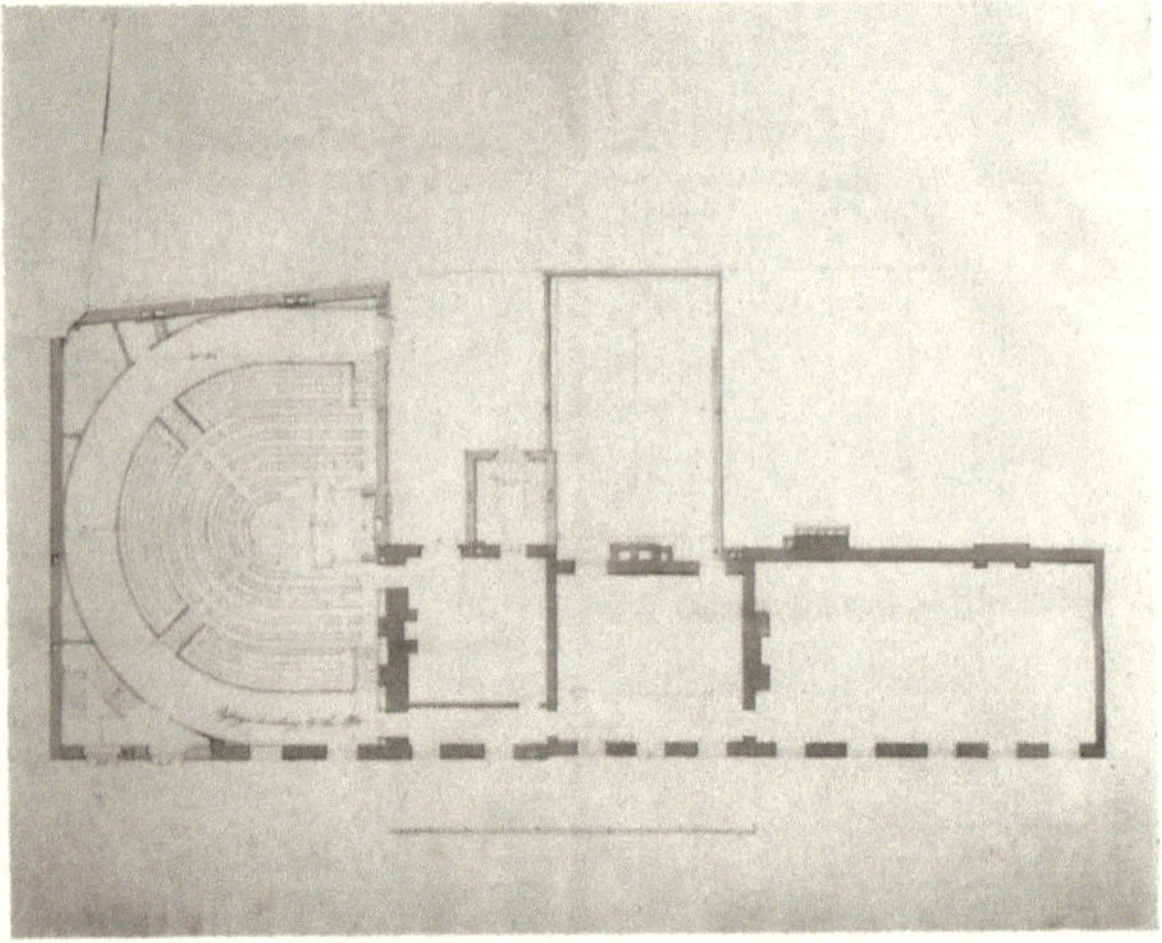

図1-7　ランフォードの手になる王立研究所の設計プランの2階部分（A. D. R. Caroe、前掲書）

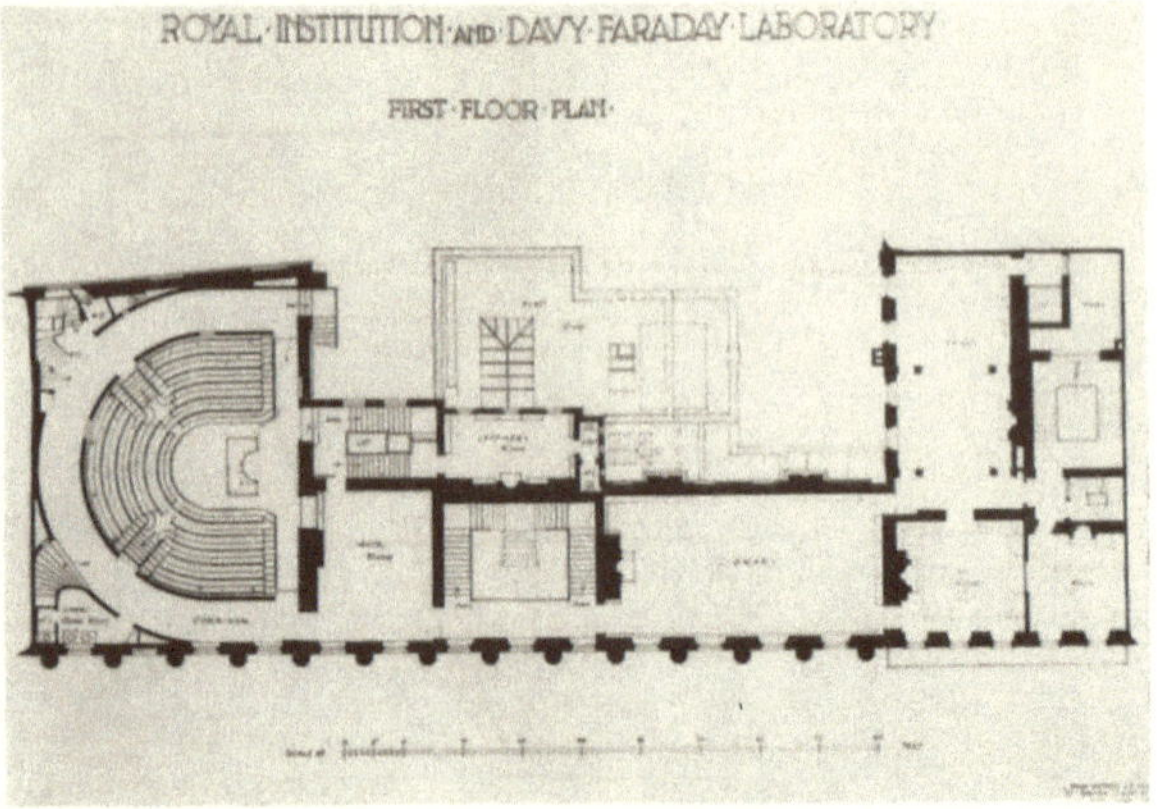


図1-8　デイヴィー・ファラデー実験施設（右端）が増設されたときの2階の見取り図（A. D. R. Caroe、前掲書）

図1-9　ガーネットの公開講座（A. D. R. Caroe、前掲書）

判を呼んでいたガーネットである。ガーネットは一八〇〇年から一年、王立研究所で物理と化学のデモンストレーション実験を担当している。図1-9はその様子を描いた漫画（ギルレー画）である。

当時、一酸化窒素には麻酔作用があり、吸引すると酔ったようなハイな気分になることが知られていたことから笑気ガスと呼ばれていた。漫画は、その効果を受講者に体験させている場面である。中央にいるのがガーネット、横でガスの容器を手にしているのが助手のデイヴィー、右端に立っているのがランフォードである。

ガーネットの後任が光の干渉実験で物理学史に名前を残したヤング、そして一八〇二年にはデイヴィーが教授に選任されている。その前年、デイヴィーは助手のとき、王立研究所で最初の講演を行っているが、『フィロソフィカル・マガジン』はその様子を、次のように絶賛している（G. Caroe、前掲書）。

　デイヴィー氏は大変若く見えるが、みごとな講演を行った。知的な目の輝き、活気のある話しぶりなどすべての面から、いずれ卓抜した名声を博するであろうことは、疑いないものと思われる。

　事実、教授に昇任してからも、デイヴィーの話は評判が高く、大講堂は常に満席であったという。

　また、研究の分野でも一八〇七年から〇八年にかけて、デイヴィーは電気分解によってカリウム、ナトリウム、マグネシウム、カルシウム、ストロンチウム、バリウムを析出させている。これに加え、他の化学者と同時にホウ素とヨウ素も見つけ出した。これほど多くの元素を発見したのは歴史上、デイヴィーただ一人である。

　こうした業績により一八一二年、デイヴィーはナイトに叙せられた。科学者としてこの栄誉に浴するのは、ニュートン以来のことであった。

## ナポレオンを驚かせたヴォルタの実験

ところで、デイヴィーが駆使した電気分解という実験手法は電気学と化学の融合の産物として、一八世紀末に生まれた。そこで、当時のこの分野の発展状況をここで概観しておこう。

電気の研究が進み、磁気との相関が見出され、その延長線上で一八三一年、ファラデーが電磁誘導を発見するまでに至る一連の流れの中で、重要な役割を担ったのは、王立研究所が創設された一七九九年にイタリアのヴォルタが発明した電池である。そして、そのきっかけは、ファラデーが生まれた一七九一年、イタリアのガルヴァーニが発表した動物電気に関する研究に遡る。

ボローニャ大学の解剖学教授をつとめていたガルヴァーニは一七八〇年、解剖したカエルを使った実験中、偶然、不思議な現象に気がついた。二種類の異なる金属を接合してつくった鉤《かぎ》の両端をカエルの神経と筋肉につなげると電気が流れ、カエルの脚がピクピクと痙攣《けいれん》を起こしたように動き出したのである。それはまるで、死んだ生物が生き返ったかの如き光景であった。ガルヴァーニは一七九一年、この研究を論文「筋肉運動に対する電気作用について」としてまとめている。

エイやウナギ、ナマズなど発電器官をもつ魚のように、カエルも体内で電気をつくり出し、それが筋肉を刺激して脚を動かしているとガルヴァーニは考えたのである。そこで、この現象は動物電気あるいはガルヴァーニ電気と呼ばれるようになる。

余談になるが、この発見の余波は怪奇小説の創作にも及ぶことになる。メアリ・シェリーの

『フランケンシュタイン』（一八一八年）がそれである。切断したカエルの脚が起死回生を遂げたかのように独りでに動き出す様は、見る人に強い衝撃を与えたからであろう。

メアリ・シェリーは『フランケンシュタイン』の「まえがき」にこう書いている（森下弓子訳、創元推理文庫）。

おそらく屍《しかばね》をよみがえらせることはできるだろう。ガルヴァーニ電流がその証拠を示している。たぶん生物の構成部分を組みたて繋《つな》ぎあわせて、生命の熱を吹きこむこともできるのではないだろうか。

しかし、ガルヴァーニの予想もそれを敷衍《ふえん》した怪奇小説も電気のメカニズムに関しては見当はずれに終わった。

ヴォルタはカエルの脚の動きは単に〝検電器〟の役割を果たしているにすぎず、電気は二種類の金属が何か湿った物体——それは別にカエルの脚でなくてもよかった——に接触することによって発生することに気がついた。二種類の金属の間に接触電位差が生じるためである。カエルの脚の場合、そうして流れた電気が神経を刺激し、筋肉を痙攣させたというわけである。

そこで、ヴォルタは組み合わせる金属をいろいろ替えながら、生じる電位差の大小を調べてみた。そして一七九九年、塩水で湿らせた布（カエルの代わり）を銅板と亜鉛板で挟み、それを幾層も柱状に積み重ねた装置をつくった（層がふえるほど電位差は大きくなる）。こうしておいて、装置の両端に導線を接続し回路をつくると、そこを強い電流が流れたのである。これは多層構造をなすことから電堆《パイル》と呼ばれたが、電池の発明に他ならない。

翌年、ヴォルタはこの成果を「異種の伝導物質の単なる接触により生じる電気について」（On the Electricity excited by the mere Contact of conducting Substances of different kinds）にまとめ、ロンドンの王立協会機関誌『フィロソフィカル・トランズアクションズ』に発表した。ここで、論文のタイトルが面白い。〝単なる接触〟（mere contact）という表現に、それがガルヴァーニの予想を覆し、生命現象とは無縁の（況《いわん》や、『フランケンシュタイン』の「まえがき」とも）、物質の性質に起因する現象にすぎないことを強調する思いが読み取れる。

一八世紀末まで、電気の研究は断片的な事実が知られているだけであり、まだまだ未開拓な領域に留まっていた。当時、確立されていた定量的な物理法則といえば、せいぜいクーロンの法則くらいであった（一七八五年、フランスのクーロンは金属線のねじれの角度によって作用した力を測る「ねじり秤」を用いて、帯電体の間に働く力の強さは電気量に比例し、距離の二乗に逆比例することを見出していた）。

ところが、電池の発明はこうした状況を一変させることになる。強い電流を安定して長時間、供給できるようになったことから、電気とそれに相関のある磁気の研究がいっきに進むからである（そう考えると、ガルヴァーニの誤解は「瓢箪《ひょうたん》から駒」の展開をみせたことになる）。

その効果は早くも、ヴォルタが論文を発表した一八〇〇年に現れた。イギリスのカーライルとニコルソンは電池の両端に接続した導線を水に浸し、電流を通じると、陰極側に水素が、また陽極側に酸素が発生することを確認した。水素と酸素の混合気体に蓄電器から放電させた電気花火を飛ばすと水が合成されることは、一七八一年、イギリスのキャヴェンディッシュによって示されていたが、カーライルらは電流にはその逆の過程を起こす化学作用があることを証明したのである（これがデイヴィーの一連の電気分解実験につながることになる）。

**図1-10　ナポレオンの前で電池を使った実験をするヴォルタ**（“Le Petit Journal”、1901年12月22日、写真提供：Leemage/UIG/PPS通信社）

一八〇一年には電池の発明に強い関心を抱いたナポレオンがヴォルタをパリに招聘《しょうへい》し、フランス科学アカデミーで行われた実験を見学している（図１－10）。卓上にある柱状の装置が電池。その両端に接続した二本の導線の先を近づけると火花放電が起き、その刺激で空気と水素の混合気体が爆発する様子をヴォルタは実演したのである。

図は一九〇一年に描かれた想像図であるが、ナポレオンは身をのり出し、食い入るようにヴォルタの実験を凝視していたのであろう。

## 錬金術から近代科学へ

というわけで、ファラデーが製本の注文を請けた本から科学の知識を吸収していたころ、電気学の分野はまだ黎明《れいめい》期であった。

これが力学はとなると、一八世紀を通して発展した解析学（微積分法）によって完璧に理論武装した数理体系を築き、地上の物体から天体の運動までを包括して記述できる汎用性の高さを誇るまでになっていた。こういうレベルに達している分野では、高等教育を受けず、したがって数学の知識も身につけていない者がすぐれた業績をあげることは、もはや不可能に近い。

その点、黎明期にあり、博物学的な色彩が残されていた電気学なら、数学を修得していなくとも、実験センスに恵まれていれば、十分、活躍の余地があったのである。

ヴォルタによる電池の発明とファラデーの少年期が重なったのは、もちろん偶然にすぎない。しかし、この偶然が一九世紀を代表する偉大な実験家を生んだことは間違いない。もし、ファラデーの誕生がマクスウェルによって電磁気学が力学並みに数理化された一九世紀後半であったとすれば、製本職人が大科学者に変身することはあり得なかったであろう。「時代が天才を生む」という言葉があるが、ファラデーの例はその典型といえる。

ファラデーが力学には手を染めず——というか、とても染められなかったという方が適切かもしれない——、独学で電気学と化学への関心を深めていったのは、諸分野の発展状況を把握し、その将来性を感知する能力に長《た》けていたからなのかもしれない。そこで、ファラデーを魅了したもうひとつの分野である化学についても、当時の様子を見ておくことにしよう。

フランス革命が起きた一七八九年、パリで同時に〝化学革命〟の狼煙《のろし》が上がった。ラヴォアジエの手になる『化学原論』が出版されたのである（図1－11）。

この中でラヴォアジエは、元素を化学的分析によって抽出できる物質の究極の構成要素と定義し、それに従って水素、酸素、窒素など、当時知られていた三三種の元素をリスト・アップしている（図1－12）。また、精密な定量測定の結果、化学反応の前後で、反応に関与した物質の総和は変わらないとする質量保存則を提示している。

こうして、現代の物質観につながる基盤ができ上がったことにより、それまで連綿とつづけられてきた錬金術はやっと終焉を迎えるのである。それは錬金術の衣を脱ぎ捨て、近代科学の体裁をまとい始めた化学の黎明期でもあった。ニュートンの『プリンキピア』（一六八七年）から遅れること一世紀の出来事であった。

ところで、ラヴォアジエが近代化学としての元素の定義を下すまで、万物は火、空気、水、土の四元素から成るとする古代ギリシア以来の物質観が支配的であった。そして、これらの四元素は化学的な操作により、相互に変換が可能と考えられていた。これが錬金術の基本思想である。

TRAITÉ
ÉLÉMENTAIRE
DE CHIMIE,
PRÉSENTÉ DANS UN ORDRE NOUVEAU
ET D'APRÈS LES DÉCOUVERTES MODERNES;
Avec Figures;
*Par M. LAVOISIER, de l'Académie des Sciences, de la Société Royale de Médecine, des Sociétés d'Agriculture de Paris & d'Orléans, de la Société Royale de Londres, de l'Inſtitut de Bologne, de la Société Helvétique de Baſle, de celles de Philadelphie, Harlem, Mancheſter, Padoue, &c.*
TOME PREMIER.
*A PARIS,*
Chez CUCHET, Libraire, rue & hôtel Serpente.
M. DCC LXXXIX.
*Sous le Privilège de l'Académie des Sciences & de la Société Royale de Médecine.*

**図1-11　ラヴォアジエ『化学原論』**

これに対し、二〇〇〇年にわたって受け入れられていた思想を否定することになる実験を行った一人に、さきほど名前をあげたヘンリー・キャヴェンディッシュがいる。この人物、科学史上、稀《まれ》に見る

192 DES SUBSTANCES SIMPLES.

*TABLEAU DES SUBSTANCES SIMPLES.*

| | *Noms nouveaux.* | *Noms anciens correſpondans.* |
|---|---|---|
| *Subſtances ſimples qui appartiennent aux trois règnes & qu'on peut regarder comme les élémens des corps.* | Lumière | Lumière. |
| | Calorique | Chaleur.<br>Principe de la chaleur.<br>Fluide igné.<br>Feu.<br>Matière du feu & de la chaleur. |
| | Oxygène | Air déphlogiſtiqué.<br>Air empiréal.<br>Air vital.<br>Baſe de l'air vital. |
| | Azote | Gaz phlogiſtiqué.<br>Mofete.<br>Baſe de la mofete. |
| | Hydrogène | Gaz inflammable.<br>Baſe du gaz inflammable. |
| *Subſtances ſimples non métalliques oxidables & acidifiables.* | Soufre | Soufre. |
| | Phoſphore | Phoſphore. |
| | Carbone | Charbon pur. |
| | Radical muriatique. | Inconnu. |
| | Radical fluorique | Inconnu. |
| | Radical boracique | Inconnu. |
| *Subſtances ſimples métalliques oxidables & acidifiables.* | Antimoine | Antimoine. |
| | Argent | Argent. |
| | Arſenic | Arſenic. |
| | Biſmuth | Biſmuth. |
| | Cobolt | Cobolt. |
| | Cuivre | Cuivre. |
| | Etain | Etain. |
| | Fer | Fer. |
| | Manganèſe | Manganèſe. |
| | Mercure | Mercure. |
| | Molybdène | Molybdène. |
| | Nickel | Nickel. |
| | Or | Or. |
| | Platine | Platine. |
| | Plomb | Plomb. |
| | Tungſtène | Tungſtène. |
| | Zinc | Zinc. |
| *Subſtances ſimples ſalifiables terreuſes.* | Chaux | Terre calcaire, chaux. |
| | Magnéſie | Magnéſie, baſe du ſel d'Epſom. |
| | Baryte | Barote, terre peſante. |
| | Alumine | Argile, terre de l'alun, baſe de l'alun. |
| | Silice | Terre ſiliceuſe, terre vitrifiable. |

図1-12　ラヴォアジエがまとめた元素の表（今日では元素とみなされていないものも含まれている）

奇人として知られ、奇人であったが故に、ファラデーそしてマクスウェルと深いかかわりをもつようになる。

そこで、錬金術に一撃を加えることになったキャヴェンディッシュの研究について、まずは触れておこう。

## 大富豪の科学者

一七六六年、キャヴェンディッシュは王立協会の『フィロソフィカル・トランズアクションズ』に「人工空気に関する実験についての三つの論文」(Three Papers, containing Experiments on factitious Air)を発表した(ここでいう「空気」とは錬金術の基盤をなす四元素のひとつではなく、気体一般を指している)。この中で、亜鉛、鉄、錫《すず》などの金属を酸の中で溶かすと、可燃性の気体が発生し、その重さは今日、我々がいう普通の空気の一一分の一しかないことが報告されている。つまり、キャヴェンディッシュの「人工空気」(factitious air)とは、こうした操作によって人工的に発生させた気体を意味している。

もうおわかりのことと思うが、このとき金属と酸を反応させ、キャヴェンディッシュは水素を発見していたのである(それが可燃性の人工空気という回りくどい理解ではなく、一歩踏み込んで、元素のひとつであることを確かめたのはラヴォアジエになる)。

さらに一七八四年、キャヴェンディッシュはこうして発見した水素と空気を混合させ、電気火花で燃焼させると少量の水が結露することを発見した（水素と酸素が化合し、水が生じたわけである）。その翌年には、ラヴォアジエが赤熱した銃身に水蒸気を通すと、水素と酸素に分解されることを示している。キャヴェンディッシュの水の合成と逆のプロセスを起こさせたのである。こうして、「水」が元素であるという根拠は否定され、錬金術は崩壊に向かうことになる。そして、カーライルらの水の電気分解実験（一八〇〇年）が、水は元素ではないことをダメ押しする形となった。

これら化学の研究に加え、今日、〝キャヴェンディッシュの実験〟と呼ばれている地球の密度測定の論文（一七九八年）もよく知られている。キャヴェンディッシュはねじり秤の原理を応用して精密な測定を行い、地球の平均密度が水の五・四八倍であることを示したのである。と、ここまでの紹介であれば、キャヴェンディッシュは一八世紀後半、化学と物理学に業績を残した科学者の一人ということになるが、その出自とキャラクターが並ではなかった。

まず、出自から触れると、ヘンリー・キャヴェンディッシュは一七三一年、第二代デヴォンシャー公爵の三男チャールズ・キャヴェンディッシュ卿の長男として生まれた（図1－13）。母もケント公の娘という、名門貴族の一員である。そして、イギリスきっての大富豪としても知られている（ちなみに、一八一〇年に亡くなったとき、イギリスで一番の公債保有者であった）。その長者ぶりは、フランスのビオ（一八二〇年、サヴァールとともに電流が磁石に及ぼす作用を解析学的に表したことで知られる物理学者）が「キャヴェンディッシュは科学者の中で一番の金持ちであり、金持ちの中で最も偉大な科学者である」という名文句を捧げたほどである。

　そうした財力をいかし、キャヴェンディッシュはロンドンの屋敷の近くに蔵書を置くための別邸を設け、さらに郊外のクラパムには研究を行うため、専用の邸宅を構えていた（図1-14）。邸内は全館、実験室と工作室の様相を呈しており、物理学も化学もキャヴェンディッシュにとっては、道楽であったことがわかる。

　それでも、これだけであれば、当時としてはさほど珍しい話ではなかった。一八世紀、一九世紀の科学史をたどると、大富豪の活躍はよく目にとまるからである。

　本書ですでに紹介した人物でいえば、バンクスとラヴォアジエが

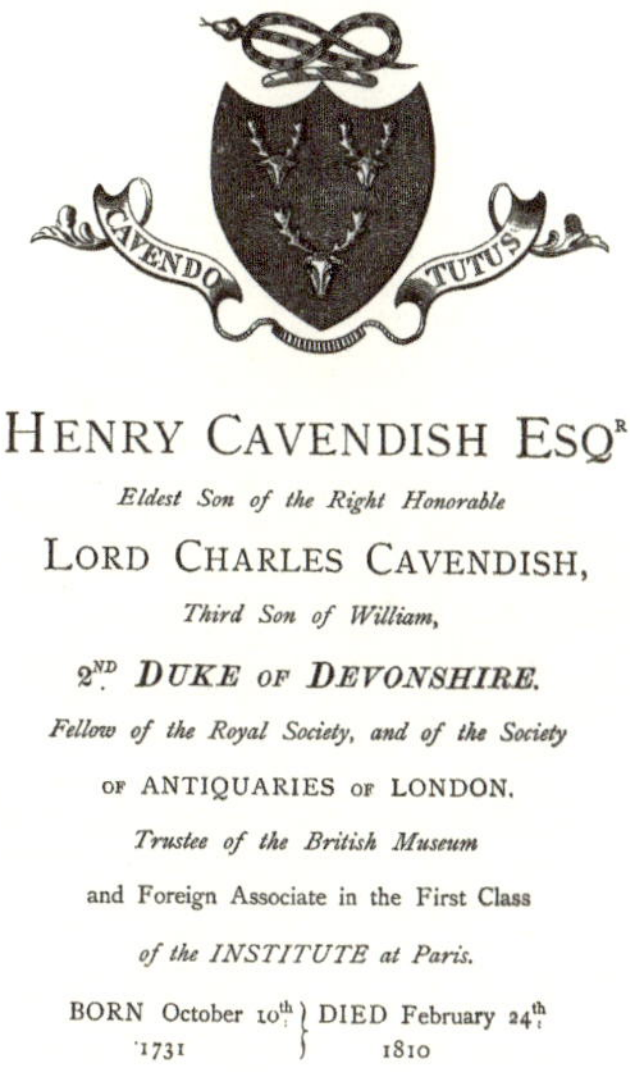


図1-13　キャヴェンディッシュの紋章

**図1-14　キャヴェンディッシュのクラパムの邸宅**（“The Scientific Papers of the Honourable Henry Cavendish”, ed. by E. Thorpe, Cambridge at the University Press）

そうである。大地主であったバンクスは「エンデヴァー号」に乗船した際、私費で八人からなる調査隊を編成し、南半球の珍しい動植物の採集を行った。その後、植物学者を標本採集のため、世界各地へ派遣したときの費用も全額、自身が負担をしている。また、ラヴォアジエはフランス革命前の旧体制下における徴税請負人（妻の父も同業）であり、昼間は本業に精励し、夜間や休日はパリの屋敷で、趣味の世界である化学実験を楽しんでいた（本業が禍《わざわい》となり、革命最中の一七九四年、断頭台に送られるはめとなるが）。

『種の起源』（一八五九年）を著したダーウィンもまた然りといえる。父が裕福な開業医、母が陶器の製造で有名なウェッジウッドの娘、そして妻もウェッジウッド二代目当主の娘という家系から想像がつくように、ダーウィンは生涯、糊《こ》口《こう》のために働いたことはなかった。ロンドン郊外のダウンの屋敷で、一生、研究三昧の生活を送ったのである。
科学の担い手にこういう富裕層が多かった時代背景を考えると、貧困層の出であったファラデーの存在はやはり際立って見える。

## “奇人”科学者キャヴェンディッシュ

さて、名門貴族の家系に生まれ、大富豪であったキャヴェンディッシュのどこが奇人であり、またなぜ、それが原因で没後、ファラデー、マクスウェルと深いかかわりをもつようになったのかというと、それは極端なまでに社交を忌避する特異な性癖と、そこから生じる科学者としては考えられない奇妙な行動であった。

キャヴェンディッシュはきわめて内気な性格で、人と口をきくことがほとんどなかったという。王立協会の例会とバンクス邸の集まりに時折、顔を出す以外、人の前に姿をみせることはなく、もっぱらクラパムの邸内の実験室で研究に没頭する毎日を送っていた。隠者の如く世俗に背を向けた、沈黙の科学者であった。

その不思議な様は、一八五一年、イギリスの科学者ジョージ・ウィルソンが著したキャヴェンディッシュの評伝に、同時代の人たちの貴重な証言を通し、記録されている（George Wilson, “The Life of the Honorable Henry Cavendish”）。

エジンバラ大学教授のプレイフェアはその印象を次のように述べている。

キャヴェンディッシュ氏の様子はどこかぎこちなく、あまり高貴な身分の人のようには見えなかった。おまけに、めったに口をきくこともなく、きいたとしても、やっとの思いで、ためらいがちに話すだけであった。しかし、そうしたはっきりしない外見を通して、非凡な才能のきらめきを感じさせるものがあった。キャヴェンディッシュ氏の知識はきわめて広範囲に及び、正確で、王立協会のほとんどの会員が、すぐれた能力の持ち主として彼に一目置いていた。実際、キャヴェンディッシュ氏は、私の知る限り、数学、化学、実験哲学のすべてに通暁する唯一の人であった。

また、デイヴィーもキャヴェンディッシュへの追悼文の中でこう語っている。

キャヴェンディッシュ氏はきわめて特異な性格をした偉大な人物であった。彼は見知らぬ人がそばに居ると不安になるようで、困惑のあまり、はっきり言葉を発することができなくなった。そうではあるが、キャヴェンディッシュ氏は大変に聡明で学識が深く、同時代のイギリスの哲学者の中で最も才能豊かな人物であった。

無口で社交を嫌い、おどおどした挙動とは裏腹に、キャヴェンディッシュが時代を代表する自然哲学者であることを、人々は彼の論文を通して知っていたのである。

こうした性格から想像がつくように、キャヴェンディッシュは当時の上層階級の人々とは異なり、自分の肖像画を描かせることなどなかった。このままでは、彼の姿は記録されることなく終わってしまう。そこで、画家のアレクサンダーが、王立協会の会合に現れたキャヴェンディッシュの姿を、気づかれぬようそっとスケッチしたのである。いまでいえば、隠し撮りであろう。それをもとにアレクサンダーが描き上げた水彩画が、この奇人科学者のたった一枚の肖像画である（図1－15）。

**図1-15　キャヴェンディッシュの肖像**（“The Scientific Papers of the Honourable Henry Cavendish”, ed. by E. Thorpe, Cambridge at the University Press）

ところで、キャヴェンディッシュが生前、王立協会の『フィロソフィカル・トランズアクションズ』に発表した論文は全部で一八編をかぞえるが（表1－

表1-1　キャヴェンディッシュの発表論文

| | |
|---|---|
| 1. | 「人工空気に関する実験についての３つの論文」(1766年) |
| 2. | 「ラスボーン広場の水に関する実験」(1767年) |
| 3. | 「重要ないくつかの電気現象を弾性流体によって説明する試み」(1771年) |
| 4. | 「シビレエイの作用を電気によって模倣するいくつかの試みについて」(1776年) |
| 5. | 「王立協会ハウスで用いられた気象観測器械の説明」(1776年) |
| 6. | 「新しいユーディオメーターの説明」(1783年) |
| 7. | 「水銀が凍る温度を測定するハッチンス氏の実験に対する意見」(1783年) |
| 8. | 「空気に関する実験」(1784年) |
| 9. | 「空気に関する実験に対するカーワン氏の意見への返事」(1784年) |
| 10. | 「空気に関する実験」(1785年) |
| 11. | 「ハドソン湾のヘンリーハウスでジョン・マクナブ氏によって行われた混合液体の凍結に関する実験について」(1786年) |
| 12. | 「ハドソン湾のアルバニーフォートでジョン・マクナブ氏によって行われた実験について」(1788年) |
| 13. | 「脱フロギストン空気とフロギストン化した空気の混合物の電気火花による亜硝酸への変換」(1788年) |
| 14. | 「1784年２月23日に観測された光り輝くアーチの高度について」(1790年) |
| 15. | 「ヒンズー教の暦年とその分割について、チャールズ・ウィルキンス氏所有の３つの暦の説明」(1792年) |
| 16. | 「ヘンリー・キャヴェンディッシュ氏からメンドーサ・ソ・リオ氏への書簡（1795年１月）の抜粋」(1797年) |
| 17. | 「地球の密度を測定する実験」(1798年) |
| 18. | 「天文観測装置の目盛りのつけ方の改良について」(1809年) |

（『異貌の科学者』小山慶太著、丸善ライブラリーより）

1）、それは彼が成し遂げた研究のごく一部にすぎなかった。その多くは発表されぬまま、埋もれていたのである。

科学というのは一般に、発見の先取権《プライオリティ》の獲得、つまり第一発見者になることに至上の価値を置く営みといえる。二番手は評価されないのである。したがって、科学者は成果が出れば先を競って発表し、自分の業績が学界で認知されるようにつとめる。現代でいえば、ノーベル賞の授賞がまさにそうした基準のもとに行われている。

ところが、キャヴェンディッシュは発表にはまったく無頓着《むとんちゃく》であった。他人の評価などいっさい求めもせず、気にもしなかった。自己顕示欲など皆無であった。引き籠もりに近いような生活を送りながら、一人、ひたすら科学実験を楽しむだけで満足していたのであろう。そして、たまに気が向くと、実験の一部を論文にまとめ、王立協会で発表していたというわけである。

歴史に名前を残した科学者の中で、発表の名誉にこれほど恬淡《てんたん》とした人物はまず例がない。〝奇人〟と称したのは、そういう意味である。

〝奇人〟が未発表のまま残した電気学の実験ノートをキャヴェンディッシュの死後、半世紀余を経てから発掘するのが、他ならぬマクスウェルになる。発掘したマクスウェルは驚愕の念に打たれる。そこには、クーロンの法則（一七八五年）、オームの法則（一八二八年）、ファラデーが発見した静電誘導（一八三七年）などに相当する歴史上の発見がすでに記述されていたからである。おそらく、マクスウェルはこんなことが有り得るのかと、我が目を疑ったことであろう。

この科学史上、稀有な発掘ドラマについては第6章であらためて取り上げることにして、ここでは話をもう一度、一八一二年の王立研究所に移すことにしよう。

## ファラデーの転職活動

一八一二年二月から四月にかけて計四回行われたデイヴィーの公開講座を、ファラデーは王立研究所の大講堂で熱心に聴講した。大掛かりな電池を用いて行われた電気分解の実験を、スケッチをまじえ、詳しく書き留めたのである。

公開講座が終了すると、デイヴィーの話に満足した多くの観客が王立研究所の建物をあとにした。その中には人込みに押されながら、講演を記録したノートを大事そうに抱え、興奮さめやらぬ思いで、家路につく若い製本職人の姿があったのである。

これをきっかけに、ファラデーの科学に対する情熱はさらに燃え上がった。なんとかして、実験に携われる然るべき環境に身を置きたいと願うようになった。そして、その方策を模索しつづけたファラデーはなんと、王立協会会長に宛て思いの丈《たけ》を綴った手紙を認《したた》める決心をしたのである。

リボーの店で配達の仕事をしていた経験から、ファラデーはロンドンの地理に詳しく、一七九九年に王立研究所の設立集会が開かれたバンクスの屋敷も知っていた。そこで、ファラデーは自分でその手紙を届けたのである。身分格差が厳然と存在する当時の社会状況を考えると、ファラデーはまさに「清水の舞台から飛び降りる」思いで、王立協会会長の屋敷に足を運んだのであろう。

しかし、バンクスからの応答は何もなかった。まあ、当然の成り行きであろう。普通なら、話はここで終わるのだが、ファラデーの場合、製本職人であったことが活路を開くことになる。

その年の一二月、ファラデーは、今度はデイヴィーに宛て手紙を書いた。その際、ただ手紙を送るだけでなく、デイヴィーの公開講座のノートを清書して製本した物を同封したのである。これが功を奏した。デイヴィーはノートの中身から、ファラデーの理解の深さと科学への熱い思いを感じ取っただけでなく、プロが製本したノート——それは世界に一冊しかない自分の講義録といえる——からも強い印象を受けたものと思われる。

数日後のクリスマス・イブ、ファラデーはデイヴィーからの返事を受け取った。そこには、年が明けたら会ってくれると書かれてあった。ファラデーにとっては最高のクリスマス・プレゼントとなった。光明が見えてきたのである。そして、一八一三年二月、王立研究所の助手に空席ができるという幸運も手伝い、三月からファラデーはデイヴィーのもとで働けるようになったのである。週給は二五シリング、そして王立研究所の屋根裏に二部屋が居住用として提供された。さらに燃料とロウソクも支給されるという雇用条件であった。

ちなみに、一九世紀の初め、イギリスの中産階級の平均年収が二〇〇～六〇〇ポンド、下層階級のそれが約五〇ポンドであったという（『世紀末までの大英帝国』長島伸一著、法政大学出版局）。

ファラデーの給与は年収に換算すると約六五ポンドであるから、家賃、光熱費はかからなかったとしても、あまりよい待遇とはいえない。製本職人として独り立ちし、手に職をつけていたことを考えると、収入はむしろ下がったのではないかと思う。それでも、仕事場も住まいも王立研究所という、科学に一日中どっぷり浸かれる環境に身を置けることに、ファラデーは十分、満足していた。

ところで、製本したノートが取り持つ縁でファラデーがデイヴィーの助手になれたという話は割とよく知られているが、後年（一八二九年一二月二三日）、ファラデー自身、当時の心境と事の経緯をイギリスの医師パリス（一八三一年、デイヴィーの伝記を著すことになる人物）に宛てた手紙の中で次のように回想している（"The Selected Correspondence of Michael Faraday", ed. by L. P. Williams, Cambridge at the University Press。以下『ファラデー書簡集』と略記）。


職人をやめて、科学にかかわる仕事に就きたいと願っていた私は、その思い抑え難く、とうとう、大胆かつ無謀にも、私の望みを綴った手紙をデイヴィー卿にいきなり送ったのです。同時に、デイヴィー卿の講義のノートも一緒に入れておきました。そのとき折り返し届いたデイヴィー卿の返書の原物《オリジナル》を貴殿にお送りいたしますが、取り扱いにはくれぐれもご注意下さり、後ほど返却いただくようお願い致します。それが私にとって、いかに貴重なものであるかはおわかりいただけると思います。

一八一三年の初め、デイヴィー卿にお会いすることができ、その直後、王立研究所の助手に空《あ》きができたのです。

卿は私に科学は厳しい女主人であり、彼女に仕えても金銭的には、ほとんど報いはありませんよと教えて下さいました。

それでも最終的に卿のお骨折りにより、一八一三年三月初め、私は助手として王立研究所で働けるようになりました。

ファラデーがこの手紙を書く七ヵ月前の一八二九年五月二九日、デイヴィーはジュネーブで客死していた。享年五〇歳であった。ファラデーが大切に保管してあったデイヴィーからの手紙をパリスに貸したのは、デイヴィーの評伝の資料として提供したからなのであろう。

ファラデーが頭角をあらわすにつれ、デイヴィーとの間に一時、確執が生じた時期もあったが、やがてそれも氷解し、互いに相手を偉大な人物として認め合う師弟関係が戻ってきたことが、引用した手紙からも読み取れる。

## グランド・ツアー

ところで、デイヴィーから「科学は厳しい女主人」と教えられたファラデーであるが、王立研究所に勤め始めて間もなく、皮肉なことに、デイヴィーの妻ジェーンの厳しい女主人ぶりに頭を悩ませることになる。

なぜ、そんな事態に陥ったのかというと、一八一三年一〇月、ファラデーはデイヴィー夫妻のお供をして、一年半に及ぶヨーロッパ大陸の旅へと出発することになったからである。

イギリス貴族の間には若いとき、大陸を旅しながら視野を広げ、各地の知識層との交流を通して教養を深めるという習慣があった。これを「グランド・ツアー」という(『グランド・ツアー良き時代の良き旅』本城靖久著、中公新書)。一八一二年にナイトの身分を授けられたデイヴィーはそれを機に、グランド・ツアーを意識して、大陸の科学者たちとの情報交換を計画したのではないかと思う。その考え自体は結構なことだと思うが、いかんせん、時機が悪かった。イギリスとフランスは交戦状態にあったのである。それでも、ナポレオンはデイヴィーの科学者としての業績を高く評価し、敵国の人間であるにもかかわらず、デイヴィーがフランス国内を旅することを許可している。

そこで、デイヴィーは妻、ファラデー、従者（男）、下女を連れて、大陸に渡ることになった。ところが、出立の数日前になって、従者のラ・フォンテーヌが敵国に行っては無事に戻れないかもしれないから、お供はやめてくれと妻に泣きつかれ、出国を断ってきた。この一件がファラデーにとって、禍の始まりであった。

こうした出立直前のごたごたと、大陸旅行中のデイヴィー夫人の振る舞いについて、ファラデーは親友のアボットに宛てた手紙の中で、事細かに報告している（一八一五年一月二五日、ローマ発。『ファラデー書簡集』）。心を許せる友に愚痴でもいわなくては、とてもやってられなかったのであろう。

その手紙によると、ファラデーは実験助手として随行し、運搬する実験装置や論文、書物などの管理をすることになっていた。従者ではなかったので、デイヴィーはパリでラ・フォンテーヌの代わりを必ず雇うからとファラデーをいいくるめ、プリマスを出港、フランスへ渡った。しかし、結局、新しい従者は見つからなかった。そのため、ファラデーが一年半に及ぶ大陸旅行の間、結果的に従者を兼ねるはめになってしまった。

そうした経緯から、デイヴィー夫人はファラデーを下僕のように扱ったのである。アボットに宛てた手紙にファラデーは、デイヴィー夫人のことをとても傲慢で気位が高い（haughty and proud to an excessive degree）と評している。身分意識に凝り固まった夫人からみれば、製本職人上がりのファラデーなど下僕扱いして当然という思いが強かったのであろう。

というわけで厳しい女主人に悩まされる長旅ではあったものの、その一方、ファラデーはフランス、イタリアで著名な科学者たちと出会うという幸運にも恵まれたのである。帰国後、王立研究所で本格的に研究を始める前に、こうした体験を積めたことは、ファラデーにとって、おおいなる刺激となったことは間違いなかった。

ここで話が少し横道に逸《そ》れるが、科学史を研究していて面白いと感じることのひとつに、歴史上の人物の手紙がある。中でも、当人が若いとき、つまり偉人、有名人になる前、家族や親友など親しい間柄の相手に宛て、本音を隠すことなく吐露した一文に興味を引かれる。

我々は、たとえばファラデーを一九世紀の大科学者という先入観をもって眺めてしまう。しかし、製本職人や王立研究所の助手になったばかりのころ、当然のことながら、本人はまだ自分の将来がどうなるのかなど知らないわけである。そうした時点で書かれた手紙には、後世の多くの人々がそれを読むことになろうなどという意識はないまま、偉人ではなく一人の若者としての心情が正直に綴られている。だから面白いのである。

この節で触れたデイヴィー夫人の女主人ぶりに苦しめられる逸話はよく知られたことではあるが、あらためてファラデーが旅先から親友に送った手紙の原文を読んでみると、慣れぬ環境に身を置いた若者の戸惑いが生々しく、肉声のように伝わってくる。

## 大陸で出会った科学者

一八一三年一一月二三日、ファラデーはパリでデイヴィーの宿舎を表敬訪問したアンペールに会っている。このとき、アンペールはエコール・ポリテクニクの教授で、その七年後、電磁作用に関するアンペールの法則を発見することになる。

また、パリ滞在中、ファラデーはテュイルリー公園前の街頭で、ナポレオンを乗せた馬車に遭遇している。馬車の窓から一瞥《いちべつ》したナポレオンの印象をファラデーは、「色が浅黒く、かなり太っていた」と日記に書き残している（デイヴィーはナポレオンへの謁見《えっけん》はかなわなかったが、皇后マリー＝ルイーズに拝謁している。その五ヵ月後、ナポレオンはエルバ島へ流刑されることになる）。

一八一三年一二月二九日、デイヴィー一行は二ヵ月を過ごしたパリを去り、イタリアへと向かった。一八一四年三月にはフィレンツェで、デイヴィーはダイヤモンドを燃焼させる公開実験を行っている。ダイヤモンドが燃えるのかと不思議に思われるかもしれないが、デイヴィーは大勢の前でこれを燃やしたのである。

酸素を封入したガラス容器にダイヤモンドを入れ、フィレンツェに伝わるトスカナ大公の大型レンズで太陽光線を集め、レンズの焦点に置いたダイヤモンドに当てると、四分ほどで、ダイヤは真紅《スカーレット》の光を発して燃え始めた。その後、ガラス容器内の気体を分析すると、炭素と酸素の混合であることが示された。こうして、ダイヤモンドは炭素の塊であることが確かめられたのである。

実験助手をつとめたファラデーは、デイヴィーの〝ショーマン・シップ〟ぶりを、友人アボット宛ての手紙で詳しく伝えている（一八一四年七月二四日、ジュネーブ発。『ファラデー書簡集』）。

フィレンツェの後に訪れたミラノで、デイヴィーとファラデーはヴォルタと面談している。このとき、ヴォルタはナポレオンから叙された伯爵の礼装をして、二人の前に現れた。自分が発明した電池を用いて新しい分野（電気分解による元素の単離）を打ち立てたデイヴィーに敬意を表しての振る舞いだったのであろう。六九歳になっていたヴォルタの様子をファラデーは「年輩ながらかくしゃくとしており、気さくに話をする人である」と日記に書いている。

一八一四年の夏をスイスのジュネーブで過ごした後、デイヴィー一行は再びイタリアに入り、一八一五年を迎えた。デイヴィーはさらにギリシア、トルコまで足を延ばし、旅をつづけるつもりであったらしいが、ナポレオンをめぐり、国際情勢はいっそう緊迫の度を深めつつあった。

一八一五年二月二六日、一〇〇〇の兵を率いてエルバ島を脱出したナポレオンは、三月一日、カンヌに上陸、パリに向け、進軍を開始した。そのまま北上をつづけたナポレオンは三月二〇日、パリに上洛《じょうらく》、ルイ一八世がフランスから逃亡し、ここにナポレオンの「百日天下」が始まった。

こうなると、そのまま旅を続行するわけにもいかなくなったと判断したディヴィーたちは予定を変更、ドイツ、ベルギーを経由して、四月二三日、ロンドンに帰ってきた。そして、五月七日、ファラデーは王立研究所での仕事を再開するのである。

## マクスウェルの誕生

帰国後、ファラデーは助手の職を兼ねたまま、王立研究所の実験装置および鉱物収集管理者となり、ほんのちょっぴりではあったが昇給もさせてもらえた。翌一八一六年には、生石灰の分析に関する実験をまとめ、最初の論文を発表している。

こうして、科学者としての道を歩み出したファラデーはやがて、王立研究所を舞台に、電磁気学の実験をはじめとして、現代ならばいったい何回ノーベル賞を贈られたであろうかと思われるほど多彩な業績をあげることになる。中でも注目されるのは、一八三一年になされた電磁誘導の発見と磁力線の着想であろう。

この年の六月一三日、エジンバラ（スコットランド）のインディア街に一人の男の子が生まれた。風光明媚《ふうこうめいび》な田園地帯が広がるグレンレアーの大地主の家系に生まれた、ジェームズ・クラーク・マクスウェルである。

長じてマクスウェルは、ファラデーが成し遂げた電磁誘導の実験や磁力線の着想を数学で表現し、電磁気学の理論体系を築き上げることになる。大づかみにしていえば、電磁気学は一九世紀、実験と理論を分担した二人のイギリス人科学者の合作《コラボレーション》によって創出されたと表現できるわけである。

そこで、ここでいったん、ファラデーと王立研究所を離れ、マクスウェルの生い立ちと彼が晩年——といっても、まだ四〇代であったのだが——活動の場とし、埋もれていた奇人科学者の幻の実験ノートを発掘することになるキャヴェンディッシュ研究所の創設に話を移すことにしよう。

# 第2章　マクスウェルとキャヴェンディッシュ研究所

## マクスウェルの肖像

マクスウェルには、後に画家となったジェマイマ・ウェダーバンという八歳年上の従姉妹がいた。彼女はグレンレアーでマクスウェル一家と過ごすことが多かったことから、画才をいかし、子供時代のマクスウェルの様子を描いたスケッチを残している。ここに載せた二葉はいずれも、ジェマイマが一八四一年（マクスウェル一〇歳）に描いた作品である（R. L. Smith-Rose, "James Clerk Maxwell", the British Council by Longmans, Green and Co.）。

図2－1は、桶に入って、アヒルが遊ぶ池を手で漕ぎまわるマクスウェル少年を記録したものである。熊手で桶を止めようとしているのは、家庭教師、右側にはステッキをもった父と伯母のイザベラ（ジェマイマの母）、犬のトビー、池を追い出されたアヒルが見える。マクスウェルは勉強に飽きて逃げ出したのであろうか、腕白ぶりが垣間見える。

図2－2は、ジェマイマの家（ハリオットトロー、エジンバラ）で開かれたパーティーにマクス

図2-1　アヒルの池で遊ぶマクスウェル少年

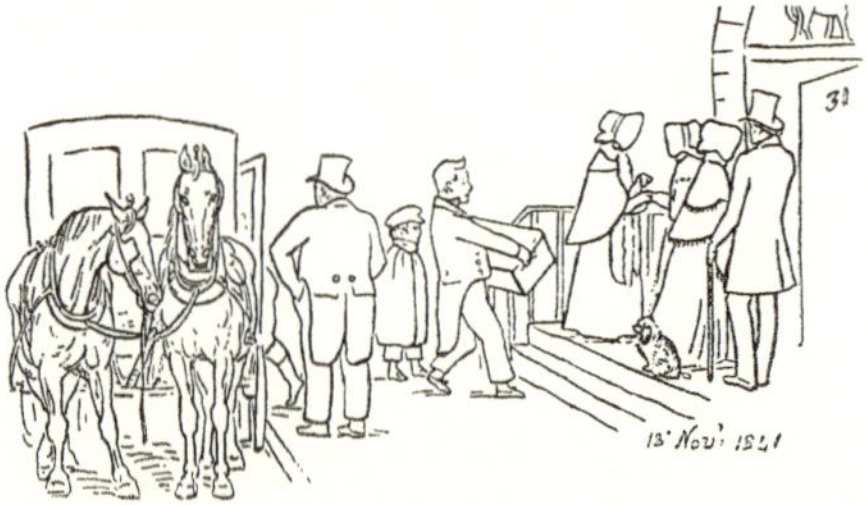

図2-2　伯母の家を訪れたマクスウェル少年

ウェル一家が到着したときの場面で、中央の男の子がマクスウェルである。他にも父と積み木で遊ぶ姿や、収穫祭の晩、人々が集う部屋で踊り子に合わせて演奏するバイオリン弾きをじっと見詰めているマクスウェルなどを描いたスケッチが知られている。

簡単な線画でありながら、ジェマイマの筆はその時々の情景をスナップ写真のように、生き生きとみごとに捉えている。

スナップ写真といえば、フランスのダゲールが銀板写真（露光したヨウ化銀板を水銀蒸気で現像し、像を食塩水で定着させるもの）を発明するのが、一八三〇年代の後半、ちょうどマクスウェルの少年期に当たる。しばらくすると写真技術はまたたく間に普及するが、図２－１、２がスケッチされたころは、その少し前である。それだけに、大物理学者の少年期を動きのある中で捉えたジェマイマの筆は、貴重な史料を提供してくれたといえる。

もう一葉、今度は彼女の水彩画の作品を紹介しよう（図2-3。M. Goldman, "The Demon in the Aether", Paul Harris Publishing）。目がくりくりとし、利発そうなマクスウェル少年の表情を御覧いただきたい。

つづいて示したのは、ケンブリッジ大学を卒業した直後のマクスウェル青年である（図2-4。R. L. Smith-Rose、前掲書）。ここではもう、ポートレイトは絵ではなく写真になっている

図2-3　ジェマイマがマクスウェルを描いた水彩画

図2-4　20代半ばのマクスウェル

図2-5　40代のマクスウェル

（手に持っているのは、色ゴマと呼ばれる道具。マクスウェルがつくったもので、回転させ色彩の現れ方を調べる円盤）。

マクスウェルといえば、左右に広がったもじゃもじゃの顎ひげの写真がお馴染みであるが（図2－5）、広い額、カールした髪、窪みぎみな二重瞼の瞳、ツンと尖った鼻梁といった少年期、青年期の特徴は、四〇代半ばの顔立ちにも見て取れる。

第1章で歴史上の人物が有名になる前に書いた手紙には興味をそそられるという話を書いたが（「グランド・ツアー」参照）、若いころの肖像写真を眺めているとやはり、似たような思いに駆られる。色ゴマを手に、口を一文字に結び、鋭い視線で遠くを見詰めるような表情の青年マクスウェルは、これからたどる輝かしい人生を果たしてどこまで予想していたのであろうか。

## マクスウェルの数学の才能

ところで、電磁気学を合作したファラデーとマクスウェルであるが、この二人、比較してみると、さまざまな点で対照的なことがよくわかる。

第1章で見てきたとおり、ファラデーは貧困層の出で、一三歳のとき奉公に出され、学歴を積む機会がなかった。そのため、数学を修得しなかったものの、ドイツの物理学者コールラウシュが「ファラデーは真理を嗅ぎつける」と表現したように、数学のハンディキャップを乗り越え、実験を工夫しながら独特の嗅覚で真理を探り出していった。

これに対し、マクスウェルはグレンレアーの大地主の跡取りに生まれ、エジンバラ大学を経てケンブリッジ大学を卒業した、イギリス有産階級の典型的なエリートである。そして、理論物理学者の最大の武器である数学に類い稀な才能を発揮した。

その片鱗はすでに一〇代前半で現れている。マクスウェルの論文を集めた二巻からなる大部の書物があるが、そこに最初に載っている論文は一八四六年四月、エジンバラ王立協会の紀要に発表された一四歳のときのものである（"The Scientific Papers of James Clerk Maxwell", ed. by W. D. Niven, Paris, Librairie Scientifique J. Hermann。以下、『マクスウェル論文集』と略記。図2-5も同書による）。論文のタイトルは、「卵形曲線および多焦点曲線の描き方について」となっている。

マクスウェル少年は父に連れられてエジンバラ王立協会の会合に出席したとき、ヘイという会員の美術と数学とのかかわりについての講演を聴き、その中で触れられた卵形曲線はどうやったら完全に描けるかという問題提起に興味を引かれた。

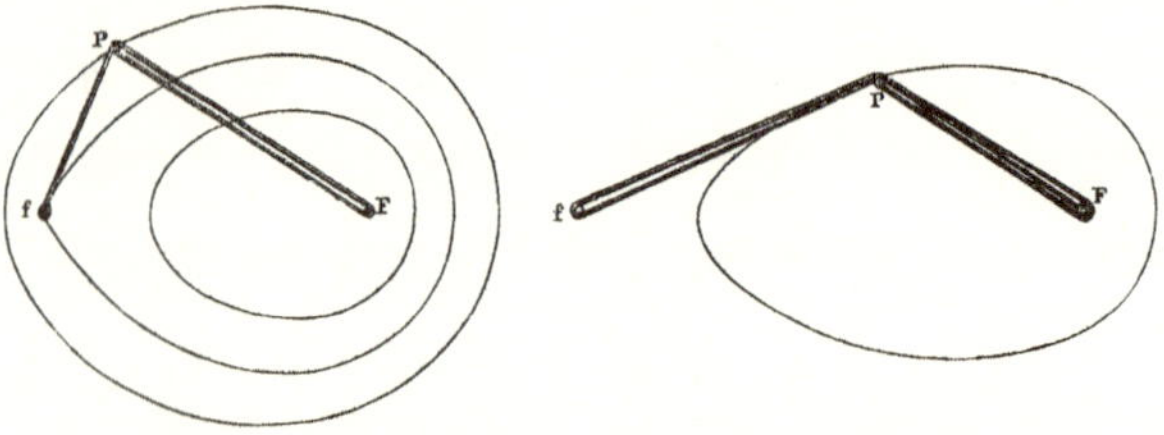


図2-6　マクスウェルの論文にある卵形曲線

当時、マクスウェルは学校で二次曲線の幾何学を学んでおり、二つの焦点からの距離の和が一定の軌道は楕円となることは知っていた。そこで、彼は二点にピンを打ち、ピンに引っ掛けた糸の巻きつけ方を工夫し、糸がたるまないよう鉛筆で引っ張りながら、長さを調節できるコンパスを考案した。それを用いて、二焦点からの距離の和が楕円とは異なる一定の規則性を保つようになぞると、卵形曲線が描けることを示したのである（図2－6）。さらに、焦点が三つになると、新しい未知の曲線が現れることも論じている（図2－7）。

マクスウェルの作図法は父を通して、エジンバラ大学のフォーブス教授に伝えられた。その内容に感心した教授はエジンバラ王立協会の会合で、マクスウェル少年の論文を紹介し、紀要に掲載をしてくれたのである。紹介の際、教授は少年を"Mr. Maxwell"と敬称をつけて呼び、一人前扱いをしている。そして、最後に、「円錐曲線を卵形曲線の特別なケースとして扱ったデカルトの説明よりも、マクスウェル氏の多焦点作図法は問題をより一般化している」と絶賛したほどであった。

そもそもこの歳で、エジンバラ王立協会に出かけるということからして凄いが、そこで聴いた話を理解し、関心をもって取り組んだというのであるから驚かされる。さらに、その話に触発され、独創的な論文を仕上げるとは、あっぱれ！という他はない。しかも、紹介したフォーブス教授がデカルトを引き合いに出してまでマクスウェルの論文を評価したのであるから、これはもう、畏《おそ》れ入りましたの一言である。「栴檀《せんだん》は双葉《ふたば》より芳《かんば》し」という昔の格言が思い浮かぶほどである。

それから八年後（一八五四年）、マクスウェルはケンブリッジ大学を卒業するとき、スミス賞を贈られている。この賞はケンブリッジ大学の教授をつとめたロバート・スミスの寄付を基金にして、一七六九年に創設された褒賞《ほうしょう》制度で、数学、物理学の課題について独創的な論文を著したケンブリッジの学生に与えられる栄誉である。

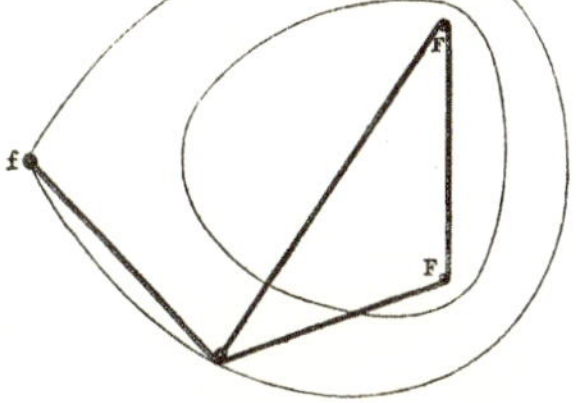

**図2-7　焦点が3つの場合の図形**

歴代の受賞者を追ってみると、ストークス（一八四一年）、ジョン・コーチ・アダムズ（一八四三年）、ケルヴィン（一八四五年）、さらには後にノーベル物理学賞を受けるレイリー（一八六五年）、J・J・トムソン（一八八〇年）などの大物の名前が並ぶ。

スミス賞受賞から二年後（一八五六年）、マクスウェルは初めて、電磁気学においてファラデーとかかわりをもつようになる。ケンブリッジ哲学協会の雑誌に、論文「ファラデーの力線について」を発表したのである。ファラデーが一八三一年、直感的に思いついた磁力線のイメージを数学できちんと表現し直した論文である。

ファラデーはマクスウェルの論文を知ったとき、その思いを知人のクロックス夫人に宛て、こう書いている（G. Caroe、前掲書）。「数学を学ばなかったことは、なんとしても悔《く》やまれる。人生をやり直すことができるならば、私は今度こそ数学を勉強したい。しかし、いまとなっては、もう遅すぎる」。

人生をやり直すことは不可能であったが、マクスウェルの登場はファラデーに欠けていた部分を補うこととなった。こうして、電磁気学の完成に向け、二人の合作が始まるわけであるが、この話題は第3章でまとめて取り上げることにして、もうしばらく、少年期のマクスウェルの姿を追うことにしよう。

## マクスウェルが描いた〝パラパラ動画〟

図2－8は、マクスウェル少年が遊んでいた「回転のぞき絵《ゾーエトロープ》」（wheel of life）である（R. L. Smith-Rose、前掲書）。連続的に少しずつ変化する絵を描いた帯状の紙を円筒内に張り、それを

回転させながら、円筒にあけた小窓からのぞくと、残像効果により、絵が動いて見える玩具《おもちゃ》である。映画の前身に当たる技術で、〝パラパラ動画〟の回転版といえる。

これ自体はマクスウェルの発明品ではないが、図にある漫画は彼自身が描いたものである。どれもとても上手にできている（従姉妹のジェマイマの手ほどきを受けたのであろう）。大人たちもマクスウェルの〝パラパラ動画〟劇場を、おおいに楽しんだという。

**図2-8　マクスウェルの“パラパラ動画”**

ところで、後にマクスウェルが体系化する電磁気学には、光学が取り込まれていく。そして光は電磁波であることが証明されるわけである。

そこまでに至る以前、人間が光に関心を向ける手掛かりは、視覚を通した生理作用であった。回転のぞき絵が作り出す残像の錯覚も、そのひとつといえる。マクスウェルがつくった色ゴマもまた然りである（図2－4参照）。

マクスウェルの大先輩（ケンブリッジ

のトリニティ・カレッジ）に当たるニュートンが、プリズムを使って太陽光を分散させ、白色光は屈折率ごとにことなる、さまざまな色の光の混合であることを示した実験はよく知られている。そして、その逆のプロセスとして、分散された各色の光線を重ねると、再び白色に戻ることが実証されていた。この光学現象は色覚に訴える生理現象である。

これに対し、マクスウェルはコマを扇形に分割し、そこにさまざまな色をつけ、コマを回転したとき、白く見えるようになる――これも残像による錯覚――色の配合を調べている。

そういえば、草創期の王立研究所で光の干渉実験を行ったことで知られるヤングは、もともと医者であり、その経験から、人間の視覚に関心をもち、光学実験に取り組むようになった。

似たような話は、エネルギー保存則の確立に貢献したドイツのヘルムホルツについてもいえる。ヘルムホルツの場合、視覚ではなく聴覚になるが、一八六三年、『生理学的基礎としての聴覚教程』を著し、耳が音の高低や音色を識別するメカニズムの理論を展開している。それは物理学（音響学）と生理学の融合であった。

マクスウェルの一見、単なる玩具にしか思えない回転のぞき絵や色ゴマも、人間の五感と物理学を結ぶ重要な実験であり、その延長線上で光は電磁気学に包摂《ほうせつ》されていくのである。

## アダムズ賞の受賞

さて、一八五六年、マクスウェルは二五歳でアヴァディーン大学（スコットランド）のマリシャル・カレッジ物理学教授に就任した。この年、若い教授が取り組んだテーマに、アダムズ賞の課題論文となった「土星の環の構造に関する理論」がある。

アダムズ賞というのは、イギリスの天文学者ジョン・コーチ・アダムズの業績（解析力学の計算による海王星〔第八惑星〕の存在の理論的予言）を顕彰して、ケンブリッジに創設された学術賞である。

課題の具体的な内容は、「土星の環は（1）固体、（2）流体（液体または気体）、（3）互いに結合していない物質塊の集合体のうち、どれを仮定すれば安定に存在するか証明せよ」というものであった。

土星が奇妙な形をしていることに初めて気がついたのは、一六一〇年、ガリレオである。この年の八月、ガリレオはプラハ駐在のトスカナ大公国大使ジュリアーノ・デ・メディチへ宛てた手紙に、この発見を暗号文（アナグラムという文字の並び替え）にしてほのめかしている。

それから三ヵ月後、発見に自信を得たガリレオは暗号文の内容が「私は三重になっているもっとも高い星（土星）を観測した」となることを明らかにした。これは土星の環の発見に他ならないが、ガリレオの望遠鏡ではまだそこまで鮮明に形状を捉えることができなかったため、三つの星が並んでいるように見えたのである。

**図2-9　土星探査機カッシーニがとらえた土星とその環**
(NASA/JPL/Space Science Institute)

環がはっきりと確認されるのは、一六五五年、オランダのホイヘンスの観測によってである。ちなみに、このとき、ホイヘンスもまた、その内容をひとまず、アナグラムにして秘匿している。

ガリレオにしてもホイヘンスにしても、どうしてそんな面倒臭い、姑息《こそく》な手段を取ったのかというと、それは第一発見者たる先取権《プライオリティ》を確保するためであった。つまり、発見が間違いないことを十分、確認するまでの時間をかせぎ、その間に、誰かに抜け駆けされないようにするための方策だったのである。科学の学術雑誌が広いコミュニティで定着される以前に取られていた、先取権を守る一種の防衛手段であった。

その後、一六七五年には、フランスのカッシーニが土星の環の間に隙間《すきま》が存在することに気がついた。これを「カッシーニの間隙《かんげき》」という（図２－９）。

マクスウェルの時代、こうしたことまでは知られていたが、土星の環の正体は不明であったことから、それがアダムズ賞の課題として提示されたのである。マクスウェルの結論は前述した仮定（3）であった。

マクスウェルは力学の計算を行い、土星の環が仮定（1）固体であるとすると、環は同じ形を保ったまま、長い時間、運動しつづけることはできず、小片に破壊されてしまうことを示した。また、仮定（2）流体の場合は、そこに波が発生するため、その影響によって、やはり環は分裂してしまうと述べられている。一方、仮定（3）を採用し、環が細かい物質塊からできているとすると、力学的な安定性が得られることが証明されたのである（図2-10、11）。

なお、今日、観測データから、土星の環は氷や岩石の粒子の無数の集合体と考えられている。マクスウェルの力学計算は基本的に正しかったわけであり、そこにも彼の数学の技量の高さが読み取れる。

## 土星の環と原子論

ところで、ケンブリッジの褒賞制度に名前を冠したアダムズの海王星の予言と、その賞を受けたマクスウェルが与えた土星環の安定性の証明は、あらためて力学の威力を見せつける結果となった。

海王星がベルリン天文台のガレによって発見されるのは一八四六年であるが、その遠因となっ

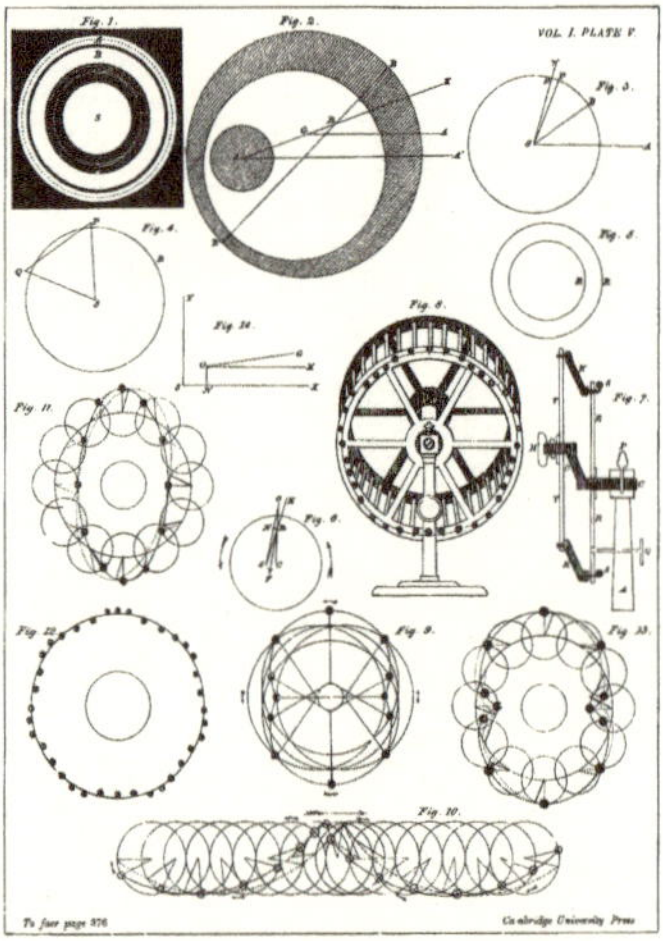

図2-10　マクスウェルの「土星の環の運動の安定性について」につけられた説明図（『マクスウェル論文集』）

図2-11　マクスウェルが土星の環が回転する物質塊から成ることを示すのに用いたモデル（R. L. Smith-Rose、前掲書）

たのは天王星の観測される軌道が力学の理論値とわずかながら食い違うことであった。一般に、惑星は太陽を焦点のひとつとする楕円軌道上を公転することが知られている。これをケプラー運動といい、その証明はニュートンが『プリンキピア』(一六八七年)の中で与えている。

ただし、ケプラー運動が厳密に成り立つのは、太陽と惑星がひとつの場合である(これを二体問題という)。しかし、現実には、惑星は複数個存在するため、惑星どうしの間にも引力が働いている。その強さは太陽からの引力に比較するとはるかに微弱ではあるものの、累積効果により、少しずつ惑星の軌道を乱すことになる。そこで、天王星の軌道に指摘されるような問題が生じるのは、その外側に未発見の第八惑星がまわっており、それが天王星に及ぼす引力の影響であろうと考えられた。

ところが、二体問題から三体問題に移ったとたん——考慮すべき天体がたった一個ふえただけなのだが——、問題はいっきに難しくなる。引力の源が太陽だけでなく、もうひとつ加わると、惑星の運動を記述する微分方程式をそのまま計算して解を求めることができなくなるからである(これを三体問題という)。そうなると、なんらかの工夫が必要になる。

この困難を解決したのが、一八世紀後半、フランスのラグランジュとラプラスがつくり上げた摂動論と呼ばれる、解析学の近似計算法である。太陽からの強い引力を主体にし、そこに別の惑星の微弱な引力を補正項として加え、近似計算を繰り返しながら、解を求めるという方法である。

アダムズは一八四五年、この計算法を駆使して、観測データと理論値との食い違いを埋める未知の惑星の存在を紙とペンだけで探ったのである（フランスのルヴェリエも独立にこの問題に取り組み、アダムズとほぼ同じ計算結果を得ている）。そして、力学が予想したとおり、海王星は発見されるに至った。

誰も見たことのない惑星が存在することを示したアダムズの業績は、マクスウェルが数学の才能に研きをかける上で大きな刺激となった。事実、マクスウェルもまた、紙とペンだけで、誰も見たことのない土星の環の中をのぞき、それが小塊の集合であることを示したのである。惑星探査機が打ち上げられ、さまざまな観測データが集積され始めるのは、やっと二〇世紀後半に入ってからになる。それより一世紀余りも前、ほとんど手掛かりのない中、数学の練達の士はこれだけのことをやってのけたのである。

マクスウェルのアダムズ賞受賞から半世紀近くが経った一九〇一年、グラスゴー（スコットランド）で開かれたイギリス科学振興協会（The British Association for the Advancement of Science）の年会において、同会会長のリュッカー（ロンドン大学教授）が二〇世紀元年に当たり、一九世紀の科学を回顧し、これからの展望を語る講演を行っている（講演の詳しい内容は『ネイチャー』一九〇一年九月一二日号に収録）。

その中でリュッカーは、当時、主要なテーマのひとつであった原子の実在性に関する議論を取り上げ、こう述べている。

原子は確かに見ることも触れることもできないが、直接知覚できないからといって、それを単なる便宜上の仮想概念にすぎないと片付けるのは間違っている。たとえば、土星の環は望遠鏡で眺めると、連続した塊にしか見えない。そして、近くまで行ってそれをさわった人もいない。

しかし、環は地球から見たとおりのものではなく、実際には一個一個ばらばらな小塊からできている。同じ様に、物質も一見連続しているように見えても、実は原子という実在の構成要素からできているのである。

一八九七年、J・J・トムソンが電子を発見している。また、彼は過飽和水蒸気の中を荷電粒子が走ると、その飛跡に沿って霧（水滴）が発生する現象を利用して、電子の電荷と質量の比を測定している。

リュッカーは講演の中でJ・J・トムソンの実験にも言及しているが、当時はそれでもまだ、原子の実在は議論の渦中にあった。そうした状況下において、原子論の立場を取るリュッカーはマクスウェルの土星の環の理論を引き合いに出し、たとえ見えなくても、実在を否定することはできないと述べたのである。二〇世紀に入ると、微視的世界の研究は急速に進み、原子の実在性は実証され、さらにその内部構造も明らかにされていくが、一九〇一年の時点では、その論拠のひとつとして、土星の環のアナロジーが使われたわけである。

このように、アダムズ賞を獲得したマクスウェルの論文は単に土星の問題だけに留まらず、物質観にも大きな影響を及ぼしていたことがわかる。

## マクスウェルの王立研究所での講演

一八六〇年、マクスウェルはアヴァディーン大学からロンドンのキングス・カレッジの教授に転任している。そして、翌一八六一年五月一七日、マクスウェルはファラデーのいる王立研究所で講演を行うという栄に浴した。ただし、演目は電磁気学ではなく、「三原色の理論について」(On the Theory of Three Primary Colours) と題する光学に関する内容であった(『マクスウェル論文集』)。

このとき、マクスウェルはまだ新進気鋭と呼ぶべき三〇歳、一方のファラデーは七〇歳を迎えようとしていた老大家である。その五年前、マクスウェルは論文「ファラデーの力線について」をファラデーに送っている。ファラデーからは礼と感想が認《したた》められた手紙が届き、若手と老大家との交流は始まっていたが、電磁気学を合作することになる実験家と理論家が直接出会うのは、おそらくこれが最初ではないかと思われる。講演の後、ファラデーはマクスウェルを夕食に招待している。食事をともにしながら、ファラデーと語り合った一夜は、マクスウェルにとって思い出深いひとときとなったであろう。それはまた、一九世紀の物理学を語る上で、歴史的な一夜ともなった。

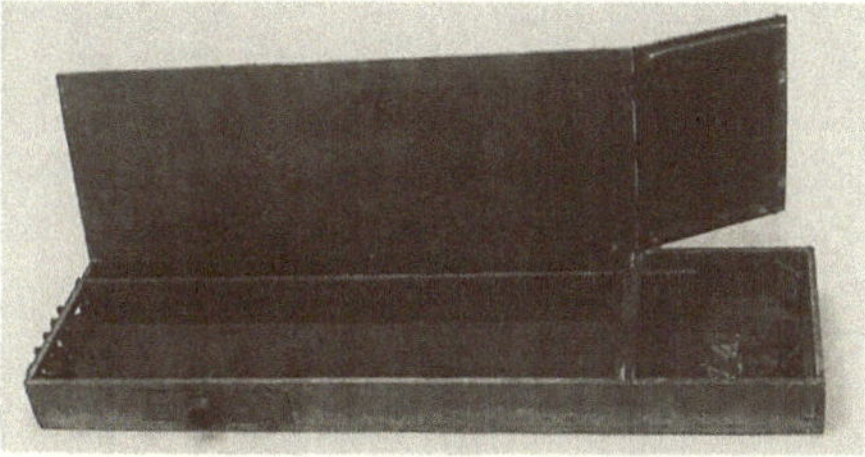
図2-12　マクスウェルの色箱

それではここで、大勢の観客を前に、マクスウェルが王立研究所で行った光学のデモンストレーションの内容を見ておこう。

さきほど、色ゴマについて触れたが、マクスウェルは「色箱」と呼ばれる、色の混合を調べる装置もつくっている（図2－12、"The Scientific Letters and Papers of James Clerk Maxwell", ed. by P. M. Harman, Cambridge University Press。以下、『マクスウェル書簡集』）。黒塗りの細長い箱で、左の側面に三ヵ所、スリットが開けられている。そこからそれぞれ異なる三色の光が入射すると、箱の中に取り付けられたプリズム、レンズ、鏡の組み合わせによって三本の光線が集束、反射され、手前の側面にある穴から一本になって出るように細工されている。

この色箱を使って、色の混合具合を調べたマクスウェルは赤、緑、青が光の三原色であることを明らかにしたのである。つまり、この三色を混ぜ合わせることにより、あらゆる色がつくり出せるというわけである（これについては一八六〇年、『フィロソフィカル・トランズアクションズ』に詳細な論文が発表されている。『マクスウェル論文集』）。

この結果にもとづいて、マクスウェルは王立研究所で、まず三原色の理論について説明している。さらに、その原理を応用すれば、カラー写真の撮影も可能となることを力説した。力説しただけでなく、黒い幕を背景にして、三色のリボンで蝶結びにした被写体を三原色のフィルターを通して撮影し、それらを重ね合わせると彩色された像が現れることを示したのである。

初めて見るカラー写真に、王立研究所の大講堂を埋め尽くした大勢の観客たちは、驚きと興奮を覚え、満足して、ロンドンの街へ散っていったことと思う。

## 故郷に帰ったマクスウェル

さて、マクスウェルはキングス・カレッジの教授としてロンドンで過ごす間に、色彩の研究の他にも、一八六一年から一八六二年にかけて論文「物理的力線について」、また一八六四年には「電磁場の動力学的理論」を発表している。

このように、研究活動は順調に進められているかに見えたが、このころ、マクスウェルは大学における講義や学生指導の負担を重く感じるようになっていた。また、都会の生活にも疲れを覚え始めてきた。研究に十分な時間を割けない苛立《いらだ》ちを抱くようになったわけである。静かな環境で雑事に煩わされず、研究に専念したいという思いが募ってきた。

一八六四年一〇月一五日、マクスウェルはかねてから親交のあったグラスゴー大学教授のケルヴィン卿（ウィリアム・トムソン）に宛て、電磁気学についての話を綴った手紙を送っているが、その中でキングス・カレッジを辞職する意向をほのめかしている（『マクスウェル書簡集』）。そして、翌一八六五年二月、本当に大学を辞職し、故郷グレンレアーに帰ってしまった。まだ、三三歳である。

躊躇《ちゅうちょ》することなく、マクスウェルが大学を去る決心を断行できたのは、なんといっても大地主という有産階級に属していたという背景が大きい。辞職すれば職を失い、収入が途絶えるわけであるから、いくら研究三昧の生活に耽りたいと考えても、普通は、おいそれと、そうはいかない。

ところが、マクスウェルの場合、糊口《ここう》をしのぐことに何の不安も心配もなかったわけである（羨《うらや》ましい！）。加えて、研究に必要な資金や場も、大学に頼ることなく自前で調達でき、グレンレアーの屋敷が研究所となった。職住近接の最たる、恵まれた環境である。実際、ここで、マクスウェルは電磁場理論を発展させ、熱の理論に関する研究をまとめている（有名な「マクスウェ

**図2-13　レイリー卿、G・レイド画**（“A History of the Cavendish Laboratory 1871-1919”, Longmans, Green and Co. 以下『キャヴェンディッシュ研究所史』と略記）

ルの悪魔」が誕生するのも、グレンレアーにおいてである。詳しくは第5章で）。

マクスウェルとよく似た研究スタイルを取った人物に、彼より一一歳年下で、さきほどスミス賞のところで名前をあげたレイリー卿（ジョン・ウィリアム・ストラット）がいる（図2-13）。レイリーはエセックス（イングランド）のターリングに領地を有する貴族（男爵）である。彼はケンブリッジの教授をつとめていた四二歳のとき、やはり、組織に束縛されず、自由に研究できる環境を求めて大学を辞職し、故郷に帰ってしまった。

そして、マクスウェルと同じように、屋敷に併設した研究室で物理学を楽しんだのである。そこで行われた新元素アルゴンの発見で、レイリーは一九〇四年、ノーベル物理学賞を贈られている。私邸でなされた実験でノーベル賞を受けたのは、後にも先にも、レイリー一人である。しかも、レイリーはノーベル賞の賞金（七七〇〇ポンド）を全額、母校ケンブリッジに寄付している。

寄付の件は横においても、今日、マクスウェルやレイリーのような生活環境に身を置いて科学の研究を行うことは、まず不可能であろう。第1章の「大富豪の科学者」で述べたように、ある時代まで、科学とはディレッタント的な色彩の濃い営みであったことがよくわかる。

## 孤高の生き方

ところで、いま、レイリーのノーベル賞について触れたが、今日、世界でもっとも注目を集めるこの褒賞制度のうち、平和賞は個人だけでなく団体に対しても贈られている。一方、科学三部門（物理学、化学、医学生理学）はあくまでも個人が対象であり、しかも、各部門とも毎年、受賞者は三名までという人数制限が設けられている。二〇世紀前半あたりまでであれば、そうした枠をはめても、さして不都合はなかったものと思われるが、二一世紀ともなると、科学界の状況は様変わりしてしまい、ノーベル賞の選考を難しくしている。

様変わりを一言で表せば、科学の規模の巨大化である。たとえば、ヒッグス粒子を捉えた欧州合同原子核研究機構（CERN）の素粒子衝突実験、特定の目的に合わせて打ち上げられた人工衛星や探査機による宇宙の観測、あるいは神岡（岐阜県）の地下一〇〇〇メートルの空洞に建設された施設を使ったニュートリノの検出などは、その象徴であろう。

こうした研究は費用の面で国家予算レベルの巨額さになると同時に、そこに携わる科学者の数も半端ではない。プロジェクトによっては数百人から数千人をかぞえるほどである。

そうなると、仮にそこからノーベル賞の授賞対象となる成果が得られた場合、プロジェクトを遂行した研究チーム全員に賞を贈っても、つまり団体表彰をしてもおかしくはないはずと、思わないでもない（オリンピックの団体競技では、チームの選手全員がメダルを受けるように）。

しかし、少なくともいまのところ、ノーベル賞委員会に、そうした動きは見られない。

ノーベル賞委員会は、研究チームがどれほど大きくても、その中から、成果を収める過程でもっとも貢献した人物は誰であるかを探し出そうとする。また、先取権《プライオリティ》を競う科学者が複数、独立に存在する場合も、その研究分野の創始者《イニシエイター》が誰なのかを徹底的に調査して、もっともふさわしい受賞者を選び出している。

そこには、科学の神髄である独創性とは、究極のところ、個人の知的営みに行き着くという強い信念、哲学があるからであろう。

現代のような巨大科学《ビッグサイエンス》など存在しなかったファラデー、マクスウェルの時代を振り返ってみれば、いま述べた独創性の所在はもっとはっきりと浮き彫りにされる。彼らはいずれも、たった一人の力で問題に挑み、発見を成し遂げてきたのである。もちろん、他の科学者の意見を聞いたり、助言を受けたりして議論を交わすことはあったとしても、最後は一人きりの環境に沈潜し、深い思索を継続したことが勝負を決したのである。

つまり、長い期間、孤独に耐えられる力、いや、もう少し踏み込んでいえば、自ら進んで孤独になろうとする意志の強さが、科学者には必要であることを彼らの生き方は示している。

**図2-14　王立研究所内のファラデーの書斎。H・ムーアの水彩画**（A. D. R. Caroe、前掲書）

ここでいう孤独とは"loneliness"ではなく、"solitude"である。前者には寂しさがつきまとうが、後者にはそれがない。孤高という表現が当てはまる、ある種の気概と自尊の精神が感じられる。

グレンレアー時代のマクスウェルは、まさにそうした孤高の人であった。

ファラデーは教授となってからも六七歳（一八五八年）まで、王立研究所に住みつづけた（図2－14）。マクスウェルのように田園地帯に私邸を構えていたわけではないが、それでも、職住一体の生活環境の中で——なにしろ、時間を気にせず、好きなだけ実験に没頭できたのであるから——、孤高の科学者に徹する日々を享受しつづけたのである。

ファラデーもマクスウェルも浩瀚《こうかん》な書簡集が編まれるほど、大勢の科学者と密度の濃い交流を長い間保ちつづけた。その意味で、彼らは決してキャヴェンディッシュのような隠者ではなかった。それでも、科学に対峙《たいじ》するときは、隠者の如く、孤高の姿勢を守り抜いたのである。

真の独創性とは、自らをそういう状況に追い込める強さの中で発揮されるものなのであろう。

## ケンブリッジの実験物理学講座の新設

さて、ロンドンを去り、故郷で研究生活に浸っていたマクスウェルであるが、周囲の状況がこの有名な科学者を本人の好きにまかせたまま、いつまでも放ってはおかなかった。一八六九年、ケンブリッジに実験物理学の研究と教育の体制強化をはかるため、新しい研究機構を設置する案が持ち上がったのである。

そのとき、大きな問題となったのは、建物の建設費や実験装置などの購入費をどのように調達するかであった。それらの総額は約六三〇〇ポンドと見積もられ、大学財政にとっては相当の負担となったからである。

ところが、あっけないくらい簡単に財政上の問題は解決してしまった。翌一八七〇年、ケンブリッジ大学総長の職にあったデヴォンシャー公爵ウィリアム・キャヴェンディッシュが、研究所開設に必要な経費を全額、大学に寄付すると申し出たのである。デヴォンシャー公は一八〇八年、あの奇人科学者を生んだイギリス名門貴族キャヴェンディッシュ家の一員として生まれ、一八二九年、ケンブリッジのトリニティ・カレッジを卒業している（マクスウェルの先輩に当たる）。

母校の物理学の発展を願った資産家の公爵の贈物により、一八七一年二月、まずは実験物理学講座の新設が決定された（研究所の建物が完成するのは、三年後になる）。それと並行して、講座の初代教授（研究所長）の人選が始められていた。描かれた将来像《ビジョン》を実現するにふさわしい人物の招聘《しょうへい》が、急務となったのである。

## ケルヴィン、ヘルムホルツ、ストークス

初代教授（研究所長）の候補にあげられた科学者たちの顔ぶれを眺めれば、ケンブリッジが新設講座にいかに力を入れていたかがわかる。

まずは、本書ですでに登場したケルヴィン卿である。ケルヴィンは本名をウィリアム・トムソンといい、一八二四年、ベルファスト（北アイルランド）に生まれた。マクスウェルより七歳年長に当たる。一八四一年、一七歳でグラスゴー大学を卒業、引きつづき、ケンブリッジのピーター・ハウスカレッジに学び、一八四五年、そこを卒業している（図2-15、D. B. Wilson, "Kelvin and Stokes", Adam Hilger)。そして、翌年、驚くべきことに、二二歳で、グラスゴー大

学自然哲学教授に就任したのである。

その後、主な経歴をたどってみると、以下のようになる（D. B. Wilson、前掲書から引用）。一八五一年に王立協会会員に選出され、一八五六年には王立協会からロイヤル・メダルを贈られている。その後、科学上の業績が評価され、一八六七年、ナイトに叙され、ケルヴィン卿となった（ケルヴィンとはグラスゴーを流れる川の名前）。さらに、一八七一年、イギリス科学振興協会会長、一八九〇年、王立協会会長就任、そして一八九二年には貴族（男爵）に列せられた（図2-16）。

図2-15　1840年、グラスゴー大学在学中のウィリアム・トムソン

グラスゴー大学教授の職には一八九九年まで、じつに五三年の長きにわたり留まり、一九〇四年には同大学学長に就任している。また、一九〇一年、明治政府は多くの科学者、技術者を日本に派遣してくれた功績をたたえ、ケルヴィンに勲一等瑞宝《ずいほう》章を贈っている。一九〇七年に没したときは、ウエストミンスター寺院（ロンドン）に埋葬され、その墓碑はあのニュートンの隣に刻印されたのである。

研究活動に目を向けると、熱電気現象の「トムソン効果」、気体の膨張による温度降下を説明する「ジュール－トムソン効果」の発見者であり、熱力学の確立にも多大な貢献を果たした。ちなみに、絶対温度の単位「K」はケルヴィンの名を冠したものである。また、物理学の基礎研究だけでなく、一八六六年には大西洋海底電信ケーブル敷設の指導も行っている。

こうした華麗なる履歴をたどることになるケルヴィンはグラスゴーへの愛着が強く、ケンブリッジからの就任要請を固辞した。

そこで、次に候補にあがったのが、さきほど触れたドイツ科学界の重鎮ヘルムホルツである

**図2-16　1897年、73歳のケルヴィン卿**（D. B. Wilson、前掲書）

**図2-17　ヘルムホルツ**（R. S. Turner, "In the Eye's Mind", Princeton Legacy Library）

(図2-17)。

ヘルムホルツは一八二一年生まれ、マクスウェルの一〇歳年長に当たる。まず、主な業績を列挙すると、一八四七年、エネルギー保存則の数学的定式化を行い、ケルヴィンとともに熱力学の基礎を築いている。自由エネルギーという概念を提唱し、熱力学を物理化学に拡張する試みをしたことでも知られている。

また、『生理学的基礎としての聴覚教程』(一八六三年)を著し、音の高低や音色を聴きわける生理学的メカニズムの理論を展開している。これと関連して、色覚と色彩についての論文も発表しており、この分野ではマクスウェルの研究に重なるところがある。

事実、マクスウェルは一八六四年四月一二日、ヘルムホルツに宛てた手紙で色の混合を測定する装置について触れ、次の土曜日(四月一六日)、ランチを一緒にした後、光学実験をやりませんかと誘っている(ヘルムホルツは四月一四日、王立協会での講演のため、ロンドンに滞在していた。『マクスウェル書簡集』)。

こうして、物理学と生理学の領域で業績を残したヘルムホルツは、ボン大学、ハイデルベルク大学教授を歴任した後、一八七一年——まさにケンブリッジに実験物理学の講座が新設されるとき——、ベルリン大学教授への就任が決まっていた。したがって、ケンブリッジに赴任することはできなかったのである。

そうなると、外部に人材を求めるのではなく、お膝元《ひざもと》で適任者は見つからないかという話になる。このとき注目されたのが、ストークスである（図2-18）。

ストークスは一八四九年、三〇歳でケンブリッジの名門ルーカス講座の第一三代教授に就任し、亡くなる一九〇三年までその職をつとめた逸材である。当講座にはニュートン（第二代）をはじめとし、一九世紀に蒸気機関で作動するコンピュータを設計したバベッジ（第一一代）、二〇世紀に入ると、相対論的量子論と反粒子の理論で知られるディラック（第一五代）、宇宙論のホーキング（第一七代）などが教授として名を連ねている。

**図2-18　ストークス**（D. B. Wilson、前掲書）

ストークスの業績は流体力学、光学、解析学と多岐にわたるが、中でも有名なのは、線積分を面積分に変換する「ストークスの定理」であろう。ケンブリッジの学生時代、ストークスの教えを受けたマクスウェルはしばしば師との間で手紙のやり取りをしており、一八七一年一一月一一日には、電磁気学の理論ともかかわりが生じるストークスの定理についての質問を書き送っている（『マクスウェル書簡集』）。

さて、ケンブリッジの新設実験物理学講座の人事に話を戻すと、ストークスという超大物がお膝元にいたわけではあるが、彼を伝統あるルーカス講座から引き抜くわけにはいかなかった。となると、現在は教授職についておらず、組織に束縛されていないことから自由がきく人物で、誰か適任者はいないかという話になる。そう、いたのである。六年前、キングス・カレッジを辞職し、故郷グレンレアーで研究に耽っていた、四〇歳の物理学者マクスウェルである。

## ケンブリッジに帰ってきたマクスウェル

しかし、マクスウェルはケンブリッジからの教授就任要請に、すぐには応じようとしなかった。静かな環境で気儘《きまま》に物理学に取り組めるいまの生活を、手放したくはなかったのである。

そんなマクスウェルに翻意を促したのは、レイリー卿(ストラット)である。一八七一年二月一四日、レイリーはグレンレアーにいるマクスウェルに宛て、こう書き送った(Robert John Strutt, "John William Strutt, Third Baron Rayleigh", Edward Arnold & Co.)。

先週の金曜日、トリニティ・カレッジに来てみると、皆が新設講座の教授職について話をしており、あなたに着任してほしいと願っている様子がよくわかりました。(中略)このポストに適任な人物は、ここケンブリッジには一人もおりません。いま、もっとも必要とされるのは、単に数学の講義をするだけでなく、実験にも習熟し、若い研究者の意識を適切な方向に導いてくれる人物です。そうしたすぐれた指導者のもとで研究したいと希望する若者は、たくさんいるはずです。また、彼らはそこで学ぶうち、あなたの役に立つ共同研究者に育つことでしょう。私はあなたがケンブリッジに来る気になってくれることを望んでおります。あなたをおいて、他に適任者はいないのです。

マクスウェルはレイリーの手紙が届けられる前日、ケンブリッジの教授ブロアからも就任を懇《こん》請《せい》される手紙を受け取り、それに対し、次のような返事を送っていた（『マクスウェル書簡集』）。

W・トムソン卿（ケルヴィン）が辞退したことは残念に思います。彼は指導経験豊富で、すぐれた業績を収めた多くの研究者を育て上げてきたからです。私は彼ほどの経験を持ち合わせておりません。

この時点でもまだ、マクスウェルはグレンレアーを去る気が湧いてこなかったことがうかがえる。

それでも、結局、マクスウェルはレイリーの熱意にほだされ、ケンブリッジに赴くことを決意

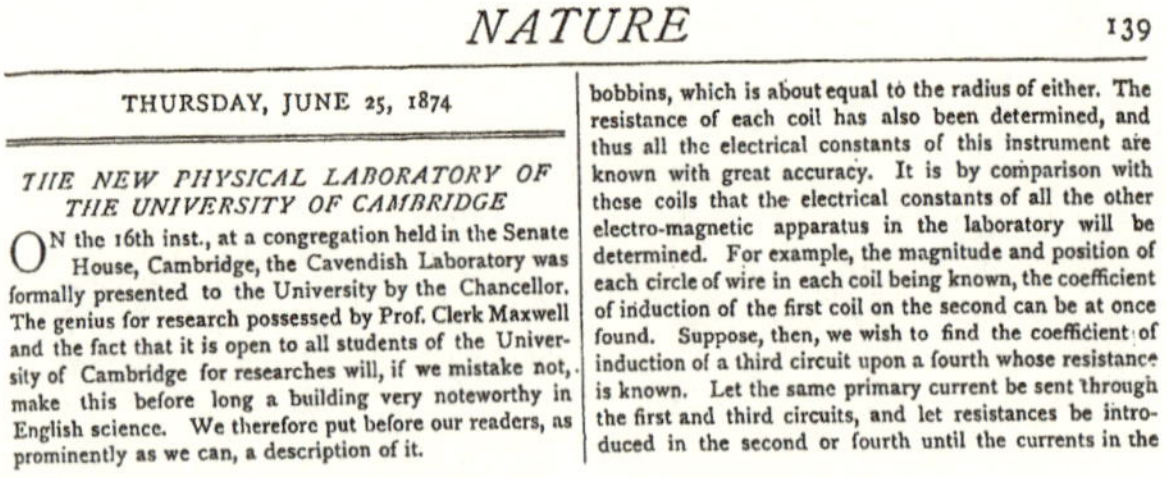

NATURE 139

THURSDAY, JUNE 25, 1874

*THE NEW PHYSICAL LABORATORY OF THE UNIVERSITY OF CAMBRIDGE*

ON the 16th inst., at a congregation held in the Senate House, Cambridge, the Cavendish Laboratory was formally presented to the University by the Chancellor. The genius for research possessed by Prof. Clerk Maxwell and the fact that it is open to all students of the University of Cambridge for researches will, if we mistake not, make this before long a building very noteworthy in English science. We therefore put before our readers, as prominently as we can, a description of it.

bobbins, which is about equal to the radius of either. The resistance of each coil has also been determined, and thus all the electrical constants of this instrument are known with great accuracy. It is by comparison with these coils that the electrical constants of all the other electro-magnetic apparatus in the laboratory will be determined. For example, the magnitude and position of each circle of wire in each coil being known, the coefficient of induction of the first coil on the second can be at once found. Suppose, then, we wish to find the coefficient of induction of a third circuit upon a fourth whose resistance is known. Let the same primary current be sent through the first and third circuits, and let resistances be introduced in the second or fourth until the currents in the

**図2-19　キャヴェンディッシュ研究所の完成を伝える『ネイチャー』の記事**

するのである。彼の手紙が届いた翌日（二月一五日）、マクスウェルは早くもレイリーにその思いを次のように伝えている（『マクスウェル書簡集』）。

私に新たに教授職を受けてほしいという、あなたの願いに対し感謝申し上げます。多少の不安はありますが、ケンブリッジでその責務を担おうと考えるようになりました。

こうして、一八七一年三月八日、マクスウェルは実験物理学講座の初代教授に正式に任命された。

研究所の建物は、講座開設から三年後の一八七四年に完成、六月一六日、大学に寄贈された（図2-19、20）。当初、研究機関は「デヴォンシャー物理学研究所」と呼ばれていたが、建物の竣工を機に、一族が生んだ偉大な科学者の名前を取り、「キャヴェンディッシュ研究所」と命名された。

**図2-20　キャヴェンディッシュ研究所のエントランス（上）と中庭（下）**（"A History of the Cavendish Laboratory 1871-1910"）

## マクスウェルの教授就任講義

一八七一年一〇月二五日、マクスウェルは「実験物理学入門」(Introductory Lecture on Experimental Physics)と題する、教授就任講義を行っている(『マクスウェル論文集』)。その中で、次のような趣旨の話をしている。

今日、いくつかの領域では、重要な発見はほとんど尽くされてしまい、未発見の真理はほんのわずかしか残されていないとみなされる向きがある。もはや〝落穂拾い〟(gleanings)のような仕事しかないというわけである。しかし、歴史を振り返れば、偉大な先駆者たちの業績に満足するだけであったとすれば未知のままに終わっていたかもしれない、新たな発見が成された例はいくつもあり、それが科学の発展をもたらしてきたのであると、マクスウェルは語っている。

マクスウェルがこういう指摘をしたのは、おそらく、当時の物理学の状況とそれに対する人々の認識の仕方を意識した上でのことだったのではないかと思われる。

というのも、前に触れたとおり、ニュートン力学は解析学(微積分法)の衣をまとい、すでに完成の域に達していた。一九世紀半ばには、エネルギー保存則とエントロピー増大則が確立され、熱力学も基礎が固められていた。そして、もうひとつの重要な領域である電磁気学は実験事実の蓄積が進み、マクスウェルによって、まさに理論体系が構築されようとしていた。

このように、物理学は一九世紀、領域の拡大とめざましい進歩を成し遂げたことから、自然界の基本法則はあらかた明らかにされてしまい、物理学に残された課題はすでに得られた基本法則にもとづいて、瑣末《さまつ》な応用問題を個別に解くことくらいしか残されていないという、やや厭世《えんせい》的な雰囲気が広がり始めていた。

マクスウェルは新設された実験物理学講座を担うに当たり、そうした厭世感を吹き飛ばし、物理学のさらなる発展を促そうと、これからの時代を背負う若者たちに呼びかけたのである。

実際、一九世紀末に始まるX線、放射性元素、電子、ゼーマン効果など極微の対象に関する一連の発見と熱放射の研究から、二〇世紀に量子力学という、まったく新しい体系が生み出されていく。また、アインシュタインによる相対性理論の創出も、一九世紀末には予想されなかった出来事であった。物理学は落穂拾いどころか、革命的な発展を遂げるわけである。マクスウェルが指摘したように、科学が終末期を迎えることなどなかったのである。

さて、ケンブリッジを新たな舞台にして、マクスウェルは『電気と磁気についての論考』("A Treatise on Electricity and Magnetism") をまとめることになる。さらに、デヴォンシャー公爵から託されたキャヴェンディッシュの未公開の実験ノートを読み、そこに隠されていた驚くべき真実を発掘することになる。

これらの話題はそれぞれ、章をあらためて取り上げることにして、本章の最後に、マクスウェルが初代所長をつとめたキャヴェンディッシュ研究所のその後を、簡単に見ておくことにしよう。

## キャヴェンディッシュ研究所の発展

まず、なによりも圧倒されるのは、キャヴェンディッシュ研究所のノーベル賞受賞者の数である。歴代の研究所長を見ても、二代目のレイリーに始まり、J・J・トムソン（図2－21）、ラザフォード（図2－22）、W・L・ブラッグ（図2－23）、そしてモット（図2－24）と五代つづけて、科学界最高の栄誉に輝いている（表2－1。もし、一九世紀にノーベル賞が制定されていたとしたら、マクスウェルが受賞したことは間違いなかろう）。

この五人に加え、キャヴェンディッシュ研究所が生み出したノーベル賞科学者は、総勢二九人をかぞえる（表2－2）。

受賞部門は二〇世紀前半までは、創設時の理念をいかし、物理学賞が中心であるが、二〇世紀後半に入ると、研究領域は時代を反映して多彩になっていく。ペルツとケンドルーによる球状タンパク質の解明（一九六二年、化学賞）、ワトソンとクリックが突き止めたDNAの二重らせん構造（一九六二年、医学生理学賞）、ホジキンが行った生体物質の分子構造の研究、ライルとヒューウィッシュが開拓した電波天文学（一九七四年、物理学賞）、X線断層撮影技術を開発した

**図2-21　J・J・トムソン。A・ハッカー画。**（"A History of the Cavendish Laboratory 1871-1910"）

**図2-22　ラザフォード**（"Apples to Atoms"）

**図2-23　W・L・ブラッグ**（"Apples to Atoms"）

**図2-24　モット**（"Nobel Lectures Physics 1971-1980"）

表2-1　ノーベル賞を受賞したキャヴェンディッシュ研究所長

| | 所長 | 在任期間 | 受賞年 | 受賞部門 |
|---|---|---|---|---|
| 初代 | マクスウェル | 1871～1879 | | |
| 2代 | レイリー | 1879～1884 | 1904 | 物理学 |
| 3代 | J・J・トムソン | 1884～1919 | 1906 | 物理学 |
| 4代 | ラザフォード | 1919～1937 | 1908 | 化学 |
| 5代 | W・L・ブラッグ | 1938～1953 | 1915 | 物理学 |
| 6代 | モット | 1954～1971 | 1977 | 物理学 |

コルマック（一九七九年、医学生理学賞）などの受賞例を見れば、その様子がよくわかる。

教授就任講義において、先達の業績だけに依存するのではなく、未知の領野を開拓すれば、新たな発見がまっていると呼びかけたマクスウェルの言葉は、彼が礎《いしずえ》を築いたキャヴェンディッシュ研究所の中で時代を通し、息衝《いきづ》いていくのである。

**表2-2　キャヴェンディッシュ研究所から生まれたノーベル賞受賞者**

| 受賞者 | 受賞年次 | 部門 | 受賞理由 |
|---|---|---|---|
| レイリー | 1904 | 物理学 | アルゴンの発見 |
| J・J・トムソン | 1906 | 物理学 | 気体内電子伝導の研究 |
| ラザフォード | 1908 | 化学 | 元素の崩壊と放射性物質の化学に関する研究 |
| W・L・ブラッグ | 1915 | 物理学 | X線による結晶構造の研究 |
| バークラ | 1917 | 物理学 | 元素の特性X線の発見 |
| アストン | 1922 | 化学 | 質量分析器の考案と同位体の発見 |
| ウィルソン | 1927 | 物理学 | ウィルソン霧箱の発明 |
| コンプトン | 1927 | 物理学 | コンプトン効果の発見 |
| リチャードソン | 1928 | 物理学 | 熱電子現象の研究 |
| チャドウィック | 1935 | 物理学 | 中性子の発見 |
| G・P・トムソン | 1937 | 物理学 | 結晶による電子回折の発見 |
| アップルトン | 1947 | 物理学 | 高層大気の物理と電離層の研究 |
| ブラケット | 1948 | 物理学 | 霧箱の改良と原子核および宇宙線分野での発見 |
| コックロフト | 1951 | 物理学 | 高電圧加速装置の開発と原子核変換の研究 |
| ウォルトン | 1951 | 物理学 | |
| ペルツ | 1962 | 化学 | X線解析による球状タンパク質の解明 |
| ケンドルー | 1962 | 化学 | |
| クリック | 1962 | 医学生理学 | 核酸の分子構造と生体の情報伝達に対するその意義の発見 |
| ワトソン | 1962 | 医学生理学 | |
| ホジキン | 1964 | 化学 | X線回折法による生体物質の分子構造の研究 |
| ジョセフソン | 1973 | 物理学 | 固体内トンネル効果の研究 |
| ライル | 1974 | 物理学 | 電波天文学の研究、特に開口合成の技術の発明 |
| ヒューウィッシュ | 1974 | 物理学 | 電波天文学の研究、特にパルサーの発見 |
| モット | 1977 | 物理学 | 磁性体と無秩序系の電子構造理論 |
| アンダーソン | 1977 | 物理学 | |
| カピッツァ | 1978 | 物理学 | 低温物理学の基礎的研究 |
| コルマック | 1979 | 医学生理学 | コンピュータを用いたX線断層撮影技術の開発 |
| クルーグ | 1982 | 化学 | 生体内巨大分子の微細構造の研究 |
| ラムゼー | 1989 | 物理学 | ラムゼー共鳴法の開発 |

（『若き物理学徒たちのケンブリッジ』小山慶太著、新潮文庫より）

# 第3章　ファラデーの実験とマクスウェルの理論

## 電流の磁気作用

ヴォルタによる電池の発明は、一定の強さの電流を一定時間、継続して供給することを可能とした。それによって、電気分解という新しい実験手法が確立され、王立研究所のデイヴィーが次々と元素を発見したわけである。また、そこから、電気めっきという工業技術が開発されていくことになる。

もうひとつ、電池の発明が生み出した革命的な出来事が、電流の磁気作用の発見である。

一八二〇年、デンマークのエールステッドは磁針に平行に張った導線に電流を流すと、磁針が大きく振れる現象に気がついた。このとき、電流の向きを逆にすると、磁針の振れる向きも反転した。そして、磁針と導線の距離が増大するにつれて、磁針の振れる角度は減少することも確かめられた。振れの大きさは用いる電流の強さによって変化したが、導線の種類（白金、金、銀、真鍮《しんちゅう》、鉄、……）にはいっさいよらなかった。さらに、磁針と導線の間に、ガラス、金属、木

# EXPERIMENTA
## CIRCA EFFECTUM
## CONFLICTUS ELECTRICI IN ACUM MAGNETICAM.

---

Prima experimenta circa rem, quam illustrare aggredior, in scholis de Electricitate, Galvanismo et Magnetismo proxime-superiori hieme a me habitis instituta sunt. His experimentis monstrari videbatur, acum magneticam ope apparatus galvanici e situ moveri; idque circulo galvanico cluso, non aperto, ut frustra tentaverunt aliquot abhinc annis physici quidam celeberrimi. Cum autem hæc experimenta apparatu minus efficaci instituta essent, ideoque phænomena edita pro rei gravitate non satis luculenta viderentur, socium adscivi amicum Esmarch, regi a consiliis justitiæ, ut experimenta cum magno apparatu galvanico, a nobis conjunctim instructo, repeterentur et augerentur. Etiam vir egregius Wleugel, eques auratus ord. Dan. et apud nos præfectus rei gubernatoriæ, experimentis interfuit, nobis socius et testis. Præterea testes fuerunt horum experimentorum vir excellentissimus et a rege summis honoribus decoratus *Hauch*, cujus in rebus naturalibus scientia jam diu inclaruit, vir acutissimus Reinhardt, Historiæ naturalis Professor, vir in experimentis instituendis sagacissimus Jacobsen, Medicinæ Professor, et Chemicus experientissimus Zeise, Philosophiæ Doctor. Sæpius equidem solus experimenta circa materiam propositam institui, quæ autem ita mihi contigit detegere phænomena, in conventu horum virorum doctissimorum repetivi.

**図3-1　電流の磁気作用を報告するエールステッドの論文**（1820年）

材、水、樹脂、陶器などを入れてみても、現象に目立った変化は見られなかった。

こうした効果を通して、電気と磁気の相関が初めて確認されたのである。つまり、電流は磁石と同様の作用をもち、磁針に力を及ぼすというわけである。

以上の結果をエールステッドは、その年の七月、ラテン語の論文「電気相克《そうこく》の磁針に及ぼす作用についての実験」としてまとめている（図3－1）。題名にある〝電気相克〟（coflictus electrici）という言葉も概念も現代の物理学で使われることはないが、これは二〇世紀初めまで、空間に充満すると考えられていた「エーテル」と呼ばれる仮想媒質と関連していた。空間を隔てた物体の間に働く力はおしなべて、このエーテルを媒介にして伝わると解釈され、これを相克と呼んでいた。導線の中を電流が通ると、その周囲に相克が広がり、それが磁性を帯びた物質に作用することで、磁針が振れるとエールステッドは解釈したのである。

今日、エーテルの存在も、したがって相克という解釈も否定されてすでに久しいが、エールステッドが発見した電流の磁気作用は、その後、ファラデー、マクスウェルへとつながる電磁気学発展の起爆剤となった。磁石を近づけなくとも、その代わりに電気が流れれば磁針が振れるという効果は驚きをもって、またたく間に、ヨーロッパの科学者の間に伝えられていった。これを契機に、電気と磁気は互いに独立な個別の現象という常識が崩れ去っていくのである。

## 舞台はパリへ

エールステッドの報告にすぐさま、敏感に反応した一人に、フランスのアラゴーがいる。その年の九月、アラゴーは磁化されていない鉄の棒をコイル状に巻いた導線の中に置き、そこに電流を通すと、鉄が磁石になる現象(電流の磁化作用)を発見している。

また、やはりフランスのビオとサヴァールは一〇月から一二月にかけ、電流が磁石に及ぼす力の大きさを定量的に求める実験を行っている。彼らは棒磁石を絹糸で水平に吊るし、地磁気の影響を消去するため、適当な位置に別の磁石を置いた。こうした準備をした上で、吊り糸に平行になるように垂直に張った導線に電流を流すと、吊るされた棒磁石は力を受け振動を始めた。その振動の仕方は単振子と同じ等時性を示したので、振動周期から力の大きさが求められた。こうして、ビオとサヴァールは磁石と導線との距離を変えながら実験を繰り返し、電流が作用させる磁気力と距離の関係を求めたのである。

彼らはまた、電流要素（導線の微小部分を$ds$、そこを流れる電流を$i$としたとき、$ids$をこう呼ぶ）がそれと直角方向に$r$の距離隔てて置かれた磁石に及ぼす力の算出を行っている。これは今日、ビオ－サヴァールの法則と呼ばれている。

なお、アラゴーおよびビオとサヴァールの実験はいずれも、パリのフランス科学アカデミーで報告されたが、同じ時期、同アカデミーでもう一人、重要な発見を報じた人物がいる。電流の単位に名前を刻むことになるアンペールである。

## アンペールと電気力学

電流の磁気作用に触発されたアンペールは、それならば、電流どうしの間にも力が働くのではないかと考えた。つまり、磁気を電気の流れに還元できると予測し、実験に取りかかった。

そのとき、アンペールが組み立てた装置の原理は、図3－2に示すとおりである（『ダンネマン大自然科学史7』安田徳太郎訳・編、三省堂）。

長方形の回路DFGMを垂直面内に置き、それが辺DMとFGそれぞれの中心を通る軸のまわりに回転できるようにしてある。その横に、導線ILを垂直に固定して張っておく（つまり、長方形の辺DF、GMはILに平行になる）。ここで、長方形の回路と導線の両方に電流（矢印の向き）を通してみる。

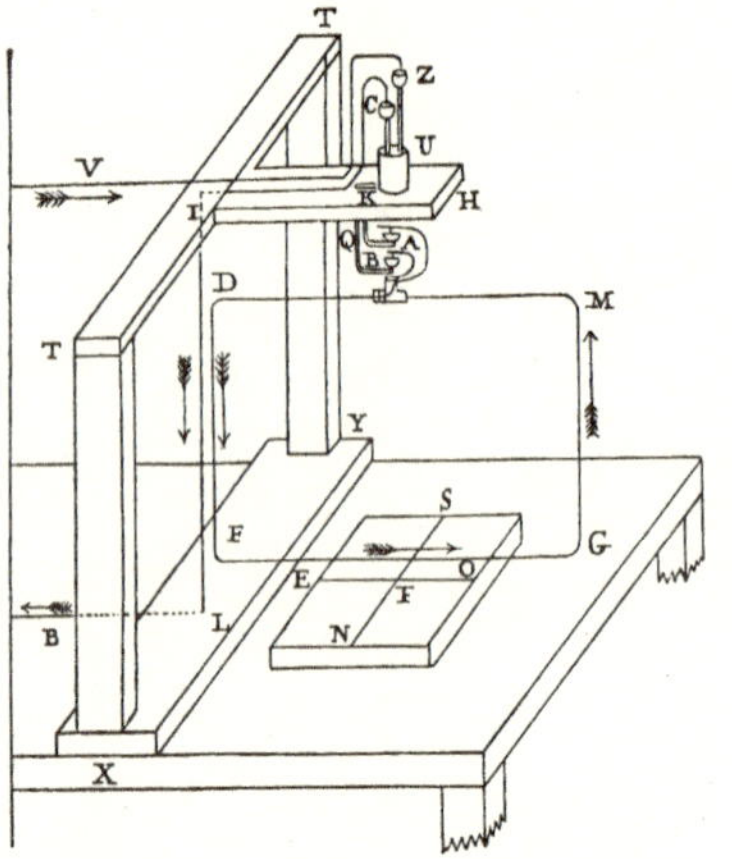


図3-2　アンペールが電流間に働く力を測定した装置

こうすると、DFとILには平行に同じ方向に電流が流れることになる。その結果、両者の間に引力が発生し、DFは回転しながら固定されているILの方に引き寄せられたのである。反対に、電流の向きが反平行になるMGがILに近づくと、斥力が作用し、MGは遠ざけられる方に回転する現象が確認された。

こうしたアンペールの実験から想起されるのが、一七八五年、フランスのクーロンが発見した静電気に関する法則である（当時、電池はまだ発明されていなかった）。ねじり秤（金属線のねじれの角度によって、作用する力を測定する装置）を用いて、クーロンは電荷の符号が同じ帯電体の間には斥力が、異なる場合は引力が働き、力の大きさは重力と同様、距離の逆二乗則に従うことを示した。

一方、アンペールの実験では電流の向きが同じときが引力、異なるときが斥力となったわけである。この対照的な結果から、静電気に見られる力の作用と電流間のそれとは、本質的に異なる現象であることが明らかにされた。

ところで、アンペールは一〇代後半でラグランジュの『解析力学』を読破したと伝えられるように、数学の才にも長けていた。一八〇九年には、パリのエコール・ポリテクニクの教授に就任し、偏微分方程式の研究で知られていた。フランス科学アカデミーの会員に選ばれたのも、この分野の業績が評価されてのことであった。

こうしたプロフィールが物語るように、アンペールは電流間の力の測定を行っただけでなく、その結果をニュートン力学のスタイルを踏襲し、数学によって表現しようと試みた。つまり、〝電気力学〟と呼ぶべき新しい領域の構築をめざしたのである。

その成果は最終的に一八二六年、「実験から一意的に導かれる電気力学現象の数学的理論」と題する論文にまとめられた。

$$-\frac{ii'\mathrm{d}s\mathrm{d}s'}{r^n}\left(r\frac{\mathrm{d}^2r}{\mathrm{d}s\mathrm{d}s'}+k\frac{\mathrm{d}r}{\mathrm{d}s}\cdot\frac{\mathrm{d}r}{\mathrm{d}s'}\right)$$

**図3-3　アンペールが導いた電流要素間に働く力の式**　式中の$n$と$k$の間には$k=\frac{1}{2}(1-n)$の関係がある。$n$は2となることをアンペールは示したが、式には一般的な表記が残されている。

アンペールは三次元的に任意の位置関係にある二本の導線の電流要素を$i\mathrm{d}s$と$i'\mathrm{d}s'$、両者の距離を$r$と置いて、電流要素の間に働く力を実験結果にもとづき、解析学的に計算し、簡潔な式を導き出している（図3－3。André-Marie Ampère, "Théorie Mathématique des Phénomènes Électro-Dynamiques", Paris, A. Hermann, Librairie Scientifique）。

ニュートン力学の基礎概念に質点がある。物質に質量のみを付与し、形や大きさなどの属性はすべて無視した点として扱う捉え方である。アンペールが計算に使った電流要素はまさに、力学における質点に対応する。そして、質点間に働く重力が、アンペールの理論では電流要素間の電気力に当たるわけである。

また、ニュートンは『プリンキピア』（一六八七年）の中で、実験や天文観測の結果だけにもとづいて、仮説を立てずに、重力という万物が共通に有する普遍的な力を導き出したと述べている。リンゴが落ちるのも、潮の干満が起きるのも、地球が太陽のまわりを回るのも、すべて、重力という同じ原因があてがわれるというわけである。

アンペールはこうしたニュートンの自然と向き合う姿勢を範とし、二本の導線の相対的な位置関係をいろいろ変えて実験した結果、そこから同じ原因となる電気力の式を見出したのである。さらに、その表現形式は力学と同様、解析学に則っている。

というわけで、アンペールは逸早く数学に依拠して理論体系を築き上げたニュートン力学にあやかり、電磁気現象を扱う理論も同じスタイルで組み立てようと意図していたことが読み取れる。自らがつけた「電気力学」（Électro-Dynamiques）という呼称に、その思いがこめられている。

ただし、電磁気学全体を力学並みの体系にもっていくには、まだまだ、実験による重要な発見がそろっていなかった。そこに、ファラデーが活躍する余地は十分、残されていたのである。

## ファラデーと電磁気回転

前節までに述べた一連の流れからわかるように、一八二〇年はいわば〝電磁気学元年〟と呼べる年となった。そして、その翌年、ファラデーもまた、この新興分野の研究に加わることになる。一八二一年九月、ファラデーは電磁気回転と呼ばれる現象の実験に成功するのである。

図3－4に、ファラデーがそのとき組み立てた装置を示してある（Michael Faraday, “Experimental Researches in Electricity”, vol. 2, Richard and John Edward Taylor。以下、『フ

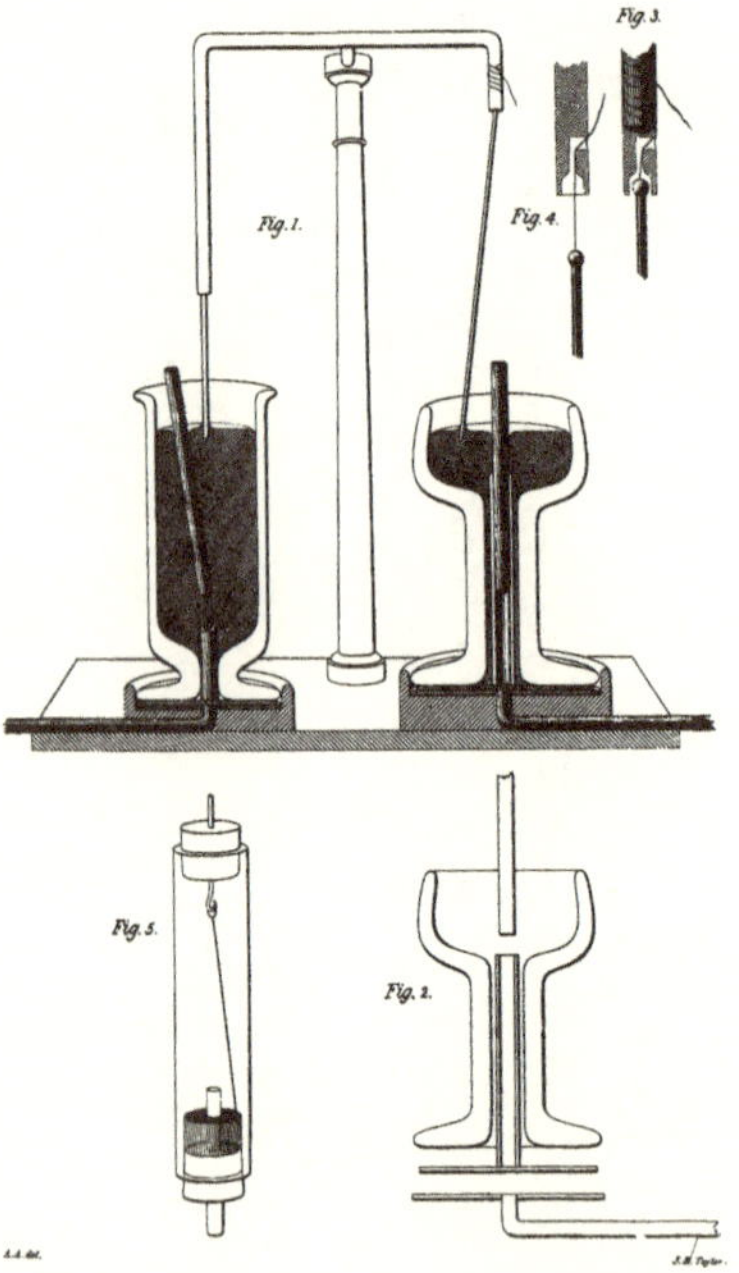


**図3-4　ファラデーの電磁気回転の装置**

ァラデー電気実験』と略記）。

水銀を満たした容器の中に、棒磁石を垂直に固定して立てる。磁石の一方の極は、水銀面から頭を出すように設置する（図3－4の上段、Fig. 1の右側）。そこに、先端をコルクに通した銅のワイヤーをコルクが水銀に接するようにして、棒磁石の上から吊るす。このとき、ワイヤーはコルクに通した下端が水銀面内を自由に動けるようにしてある。

こうしておいて、ワイヤーと水銀を電池に接続すると電流が流れ、ワイヤーは垂直より少し傾いた角度を保ちながら、棒磁石のまわりを回転しつづけた。電流と磁石の相互作用により、ワイヤーに回転運動が生じたのである。

ファラデーはさらに同じ装置を使い、ワイヤーの方を固定し、棒磁石に可動性をもたせると、今度は棒磁石の頭が円を描いて運動することも示している（図3－4、上段の左側）。これらの実験結果が『クォータリー・ジャーナル・オブ・サイエンス』に発表されると、ファラデーの論文は高い評価を受け、彼の存在は一躍、注目を浴びるようになった。

電磁気回転に成功したファラデーの装置はいまから見れば、それ自体は玩具《おもちゃ》のようなものであったろうが、電気と磁気のエネルギーが運動エネルギー（機械的仕事）に変換されるという重要な結果の証明となったのである。一九世紀前半は、それまで独立とみなされていた諸現象の間で、さまざまな相互転換が起きることが、多くの実験を通して明らかにされていく。そして、それらが集積された結果、エネルギー保存則という基本法則が導き出され、熱力学という学問が誕生するわけである。

ファラデーの電磁気学の業績というと、なんといってもこの後で取り上げる電磁誘導の発見が有名であるが、いま述べたその後の歴史を考えると、電磁気回転装置の考案はファラデーの科学者としてのデビュー作に位置づけられるといえる。

## ファラデーが受けた〝洗礼〟

ところで、ファラデーの論文の反響が大きかっただけに、ひとつやっかいな問題が生じてしまった。電磁気回転の先取権《プライオリティ》をめぐる、イギリスの科学者ウォラストンとの争いである（図3－5）。

**図3-5　ウォラストン**
("Apples to Atoms")

ウォラストンもまた、エールステッドによる発見に関心をもち、電流を通した導線を磁石の作用で連続的に回転させる方法を探っていた。つまり、このテーマに着目したのは、ファラデーよりウォラストンの方が先であった。

一八二一年の初め、ウォラストンは王立研究所を訪ね、デイヴィーに自分のアイデアを説明している。このとき、ウォラストンは電流を通じた導線を磁気作用で自転させようと試みたのであるが、それだと実験はうまくいかなかった。

こうした話を後で聞かされたファラデーはこの問題に興味をそそられ、自身もウォラストンのやり方を追試してみたが、確かに導線の回転は起きなかった。そこで、工夫を重ねたファラデーは試行錯誤の結果、電磁気回転の実験に成功したのである。というわけで、図3－4に示した装置の考案は完全にファラデーのオリジナルであるが、ファラデーがこの問題に取り組むきっかけをつくったのは、ウォラストンであった。

そこで、実験に成功したとき、ファラデーはその旨をまず、ウォラストンに報告し、意見を求めようとした。実験はファラデー独自のやり方で行われたわけであり、ウォラストンの助けを借りたわけではなかったものの、事の経緯から、結果を公表する前にウォラストンに知らせるのが礼儀だと考えたからである。

ところが、生憎《あいにく》そのとき、ウォラストンはしばらくロンドンを離れており、すぐには連絡が取れそうにもなかった。科学者の心理としては、実験の成功が確認されれば、先取権を確保するため、一刻も早く結果を発表したいと思うものである（キャヴェンディッシュのような例外を別にすれば）。特に、エールステッドが電流の磁気作用を発見してから、アラゴー、ビオ、サヴァール、アンペールらによって、矢継ぎ早に、この分野の重要な発見がつづいていることを考えると、誰かに先を越されたくないという焦りが、ファラデーにはあったのであろう。

結局、ウォラストンとの連絡は取れぬまま、ファラデーの論文は『クォータリー・ジャーナル』に発表されてしまった。その際、ファラデーは論文の中で、電磁気回転の実験を——成功はしなかったものの——最初に手がけたのはウォラストンであったことに言及していなかった。

これが面倒な事態を生じさせる原因となった。ファラデーはウォラストンの研究を剽窃《ひょうせつ》したのではないかという噂が、急速に広まったのである。

ウォラストンは一七六六年に生まれ（ファラデーより二五歳年長）、ケンブリッジで医学を修めた開業医であったが、その後（一八〇〇年）、ロンドンに移って、化学と物理学の研究に取り組むようになった。その中で白金の加工法の開発により、多額の収益を得、後半生を科学の研究に没頭して過ごしたのである。一八〇三年には、白金を含む鉱石に化学処理を施す過程で、金属元素パラジウムとロジウムを発見している。

また、一八二〇年、王立協会会長のバンクスが亡くなると、デイヴィーがその地位を継ぐまでの短期間、暫定的に会長職をつとめている。それほどの大物を相手にトラブルを起こしてしまったわけであるから、ファラデーの心労は相当のものであった。

一八二一年一〇月八日、友人のストダートに宛てたファラデーの長い手紙に、その苦衷のほどが読み取れる。ファラデーはこう書いている（『ファラデー書簡集』）。

私の理解が正しければ、私は次の四点で非難を受けている。（1）電磁気回転の実験についてデイヴィー卿から受け取った情報に対し、謝辞を述べていなかったこと。（2）ウォラストン博士の理論と見解について触れられていないこと。（3）ウォラストン博士がこの問題に取り組んでいる間に、私もそれを手掛けてしまったこと。（4）ウォラストン博士の着想を奪う不名誉な行為を犯し、それによって得た実験結果について謝罪をしていないこと。

以上のように非難を浴びている内容を整理した後、ファラデーはそのひとつひとつについて詳しく、誤解を受けてしまった背景と経緯を、ストダートに釈明している。

さらに一〇月三〇日、ファラデーは直接、ウォラストンに手紙を送っている。そして、「私に不行き届きのことがあったとしても、故意にしたわけではなく、非難されていることは正しくありません」と述べ、「ほんの短い時間でも結構ですから、この件についてお話しさせていただきたい」と懇請している。

折り返し（一一月一日付）、ウォラストンから返事が届いた。そこには、「あなたの行為について他人がとやかく言っているようですが、それは私の意見ではありません。それでも、私と話をしたいとおっしゃるなら、明日、一〇時から一〇時半の間においで下さい」と綴られていた。

こうして、ようやく、騒ぎは収束に向かった。電磁気回転の実験に成功したこと自体は、紛れもなく、ファラデーのオリジナリティによるものと評価して間違いない。しかし、そうではあっても、その問題に初めて気がついた人間の功績はなんといっても大きいだけに、ウォラストンの寄与について一言触れるのが、なによりも先取権を重んじる科学界のマナーであった。

この一件は、電磁気学の分野に参入したばかりのファラデーにとって、苦い反省材料となった。

なお、この騒動が起きた年の六月一二日、ファラデーはサラ・バーナードと結婚をしている。

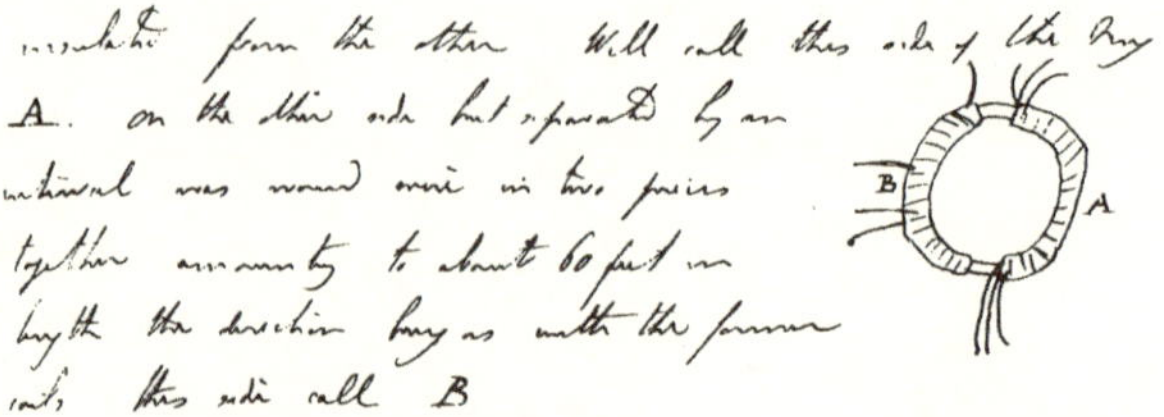
insulated from the other Will call this side of the Ring A. on the other side but separated by an interval was wound wire in two pieces together amounting to about 60 feet in length the direction being as with the former coils this side call B


**図3-6　電磁誘導の発見を記したファラデーの実験日誌**
（1831年8月29日）（"Faraday's Diary", vol. I, G. Bell and Sons, Ltd., 1932による）

サラの父はサンデマン派という宗派の長老であり、ファラデーも結婚してすぐに洗礼を受け、その信徒となっている。それから数ヵ月後、いささか配慮が欠けた行為により、今度は科学界の厳しい〝洗礼〟を受ける形になってしまったという次第である。

## 電磁誘導の発見

ところで、電流に磁気作用があるのならば、逆に磁気に電流を誘導する効果があるのではないかと考えるのは自然であろう。ところが、予想に反して、そうした現象はなかなか検出されなかった。

ファラデーが磁気作用によって電流を発生させる実験（これを「電磁誘導」と呼ぶ）に成功するのは、エールステッドの実験から一一年後の一八三一年八月二九日のことであった（図3－6）。それにしても、どうしてこれほど時間がかかってしまったのであろうか。磁気が作用する圏内に導線をただ置いただけでは、電流は流れなかったからである。電流を得るには、ファラデーが発見したある工夫が必要だったのである。

図3－7は実験日誌にスケッチされたものと同じであるが、ファラデーは半円形の軟鉄を二つ接合して環状にし、両者にそれぞれ、絶縁した導線のコイルを巻きつけた（『ファラデー電気実験』）。そして、コイルAを電池に、コイルBを磁針につないだ。こうしておいて、Aに電流を通すと、磁針が振れ、Bに電流が生じたことが示された。しかし、それは一瞬の出来事であり、Aに電流を流しつづけても、磁針はすぐ元の位置に戻り、Bの電流は消えてしまった。

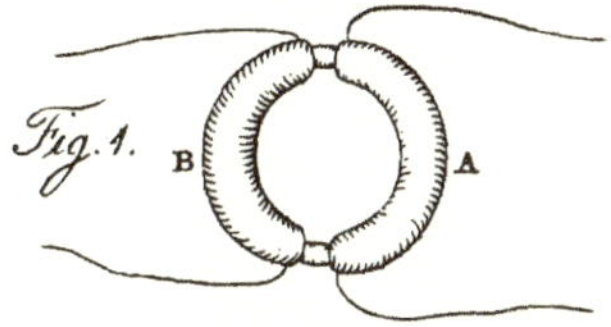

図3-7　電磁誘導を生じる軟鉄の環

ところが、今度はAと電池の接続を切ると、やはりその一瞬だけ、磁針が反対方向に振れ再びBに電流が誘発されたのである。つまり、こういうことである。Aに電流が流れ、周囲に磁場が発生した瞬間、または逆に電流を切り、磁場が消失した瞬間にだけ、Bに電流が流れるのである。定常電流によって安定した磁場をつくっても効果はなく、磁場の変化（いまの場合でいうと、発生または消失）のみが電流を引き起こすことになる。これが電磁誘導の特徴である。

さらにこの年の一〇月一七日、ファラデーはらせん状に巻いたコイルに棒磁石をさし込んだり、引き抜いたりして磁場を変化させると、コイルに電流が誘導されることを示している。永久磁石とコイルの相対運動により、図3-6、7の実験と同じ効果が見られたのである。こうして、エールステッドが発見した「電流→磁気」の逆の過程が実現されたことになった。

ここで、時代がいっぺんに飛ぶが、一九七三年二月、王立研究所の中にファラデーを記念する博物館が開設される運びとなり、その祝賀式典が催された。式典には、エリザベス女王とエジンバラ公も参列された。王立研究所は一七九九年、国王ジョージ三世の勅許を受けて創設され（第1章「王立協会会長バンクスとランフォード伯爵」参照）、王室を最大の後援者として仰ぎながら、君主をお迎えするのは、この日が初めてであった。それだけ、ファラデーの存在はイギリス社会において、いまなお大きかったのであろう。

席上、所長のポーター教授がファラデーの電気実験について触れた後、女王がファラデーが電磁誘導を発見したときに用いた鉄の環に通じるスイッチを押すと、電動式のカーテンが開き、ファラデー博物館の銘板が現れるという凝った演出が施された。

また、ファラデーが数々の発見を成し遂げた実験室は当時のままに復元され、そこかしこに、ファラデーが愛用した実験器具や装置が自然の状態で置かれてあった。その光景はまるで、ファラデーがたったいま、やりかけの仕事を中断し、実験室を後にしたばかりのように見えると、

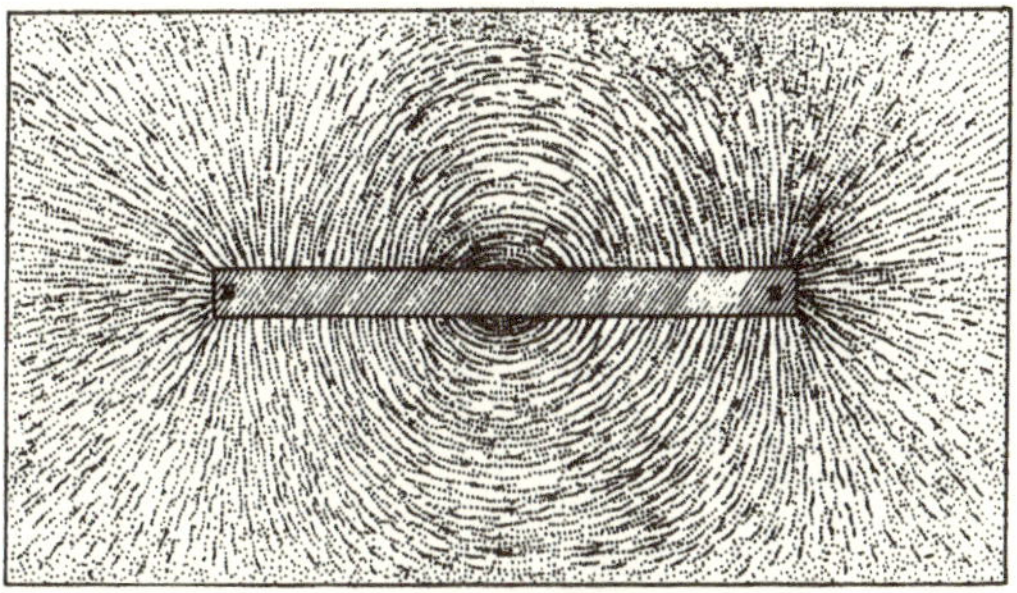

図3-8　磁力線

『ネイチャー』（一九七三年二月九日号）は伝えている。

## 磁場の視覚化

さて、話を一八三一年に戻すと、電磁誘導の実験に取り組む中で、ファラデーは磁力線（lines of magnetic force）の着想を得ている。なお、このときファラデーは磁気線（magnetic curves）という言葉を使い、「それは鉄粉によっても描けるし、非常に小さな磁針がそれに対し接線を成すことによっても示される」と書いている（図3－8、『ファラデー電気実験』）。

鉄粉をまくことによって、磁場の存在、作用が視覚化されたわけである。そして、ファラデーは電磁誘導を視覚化された磁力線の切断によって、次のように説明している。

図3－9は円筒磁石のまわりに生じる磁力線を示している。磁石の上に、銀のナイフPNを置き、磁力線を切りながら動かしていくと、PN間に電流が生じるというわけであ

る。軟鉄のリングを用いた実験や、コイルの中に棒磁石を出し入れする実験では磁場の発生、消失によって導線に電流が誘導されたわけであるが、この現象を一般化すれば、磁力線をカットするという操作に置き換えられると、ファラデーは要約したわけである。

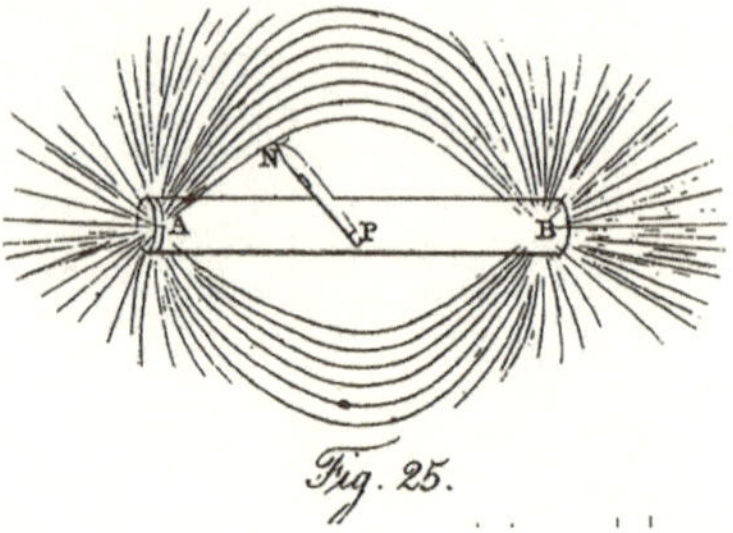


図3-9　ナイフによる磁力線の切断

## ファインマン・ダイヤグラム

ファラデーは磁力線を描くことで磁場（磁気作用が働く空間）を視覚化し、そのイメージをわかりやすく伝えたわけであるが、これを見ていると思い浮かぶ現代物理学のアイデアがある。それは、「ファインマン・ダイヤグラム」である。

量子電磁力学の研究でノーベル物理学賞（一九六五年）を受けたアメリカのファインマンは一九四九年、『フィジカル・レビュー』に発表した論文の中で、素粒子の相互作用を時空間の中で簡単に図示する表現方法を提唱した。図3-10にひとつ簡単な例を示してある。図の横軸は素粒子が存在する空間の位置、縦軸は下から上へと時間の流れを表している。

初め、1と2という時空の点にいた電子がそれぞれ、3と4まできたとき、一方が光子を放出し、他方がそれを吸収するという相互作用（波線で表現）を通し、5と6の終状態に達する過程が示されている。目に見えない電子の反応を図案化したわけである。

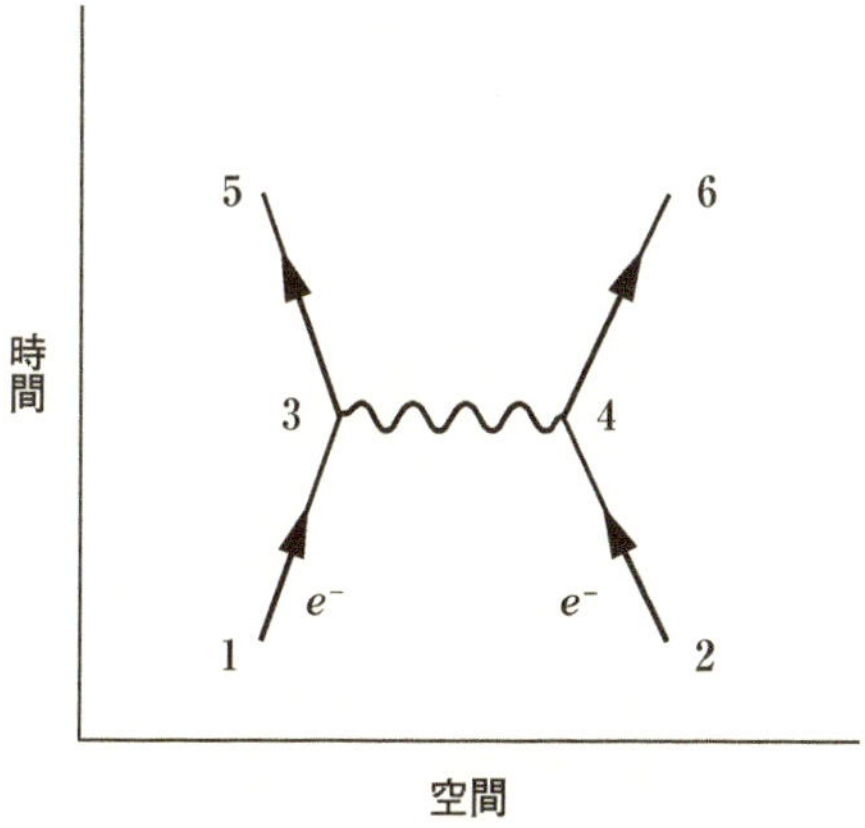


図3-10　ファインマン・ダイヤグラム

ノーベル賞受賞講演でファインマンは、量子電磁力学の計算をてっとりばやく処理するために勘に頼って、このダイヤグラムを思いついたと述べている。視覚化することで、計算の見通しが立てやすくなったという意味であろう。そのおかげで、ダイヤグラムを中間子論に応用したところ、ある物理学者が特殊な条件下の場合ですら半年かかった計算を、たった一晩で一般化することができたという。

ファインマンを個人的によく知るハンス・ベーテ（一九六七年ノーベル物理学賞受賞）は、「ファインマンの最大の秘密は、公式などを書き並べるかわりに図式で表わす方法を築いたことにある。これが周知のファインマン・ダイアグラムになったわけだが、今では場の理論の計算ならどんな種類のものでも皆が使っている」と語っている（『ファインマンさんは超天才』C・サイクス著、大貫昌子訳、岩波現代文庫)。

ファインマンは二〇世紀の理論物理学者であるから、もちろん、数学は達者である。それでも、数学を駆使する前にまずは、物理現象を視覚的に捉える独創的な表現方法を直感的に思いついたところは、ファラデーの精神に通じるものがあるといえそうである。

## 電気の同一性の証明

ここで、時代を少し遡るが、電気の研究史の中で、一七五二年、アメリカのフランクリンが雷雲の中に針金をつけた凧《たこ》を揚げ、凧糸の下に取り付けた鍵を通して、ライデンびんと呼ばれる蓄電器に雷の電気を集めるという危険きわまりない実験を勇敢にも行ったことは、よく知られている。

当時、電気は摩擦によって発生させたものを蓄電器に充電し、実験に使っていた(電気を指す"electricity"の語源は琥珀《こはく》を意味するギリシア語で、琥珀をこすると物を引きつける現象が古代から知られていたことに由来する)。

フランクリンは蓄電器に溜めた雷と摩擦で起こした静電気はどちらも、アルコールに点火することをはじめとし、まったく同じ作用をすることをいろいろな実験によって示したのである。そこから、雷は電気と同一であるという結論を導き出し、その論文をロンドンの王立協会に送った。この歴史的な論文「稲妻の効果について」は王立協会の『フィロソフィカル・トランズアクションズ』に掲載されたが、当初、専門家たちはその結論を一笑に付したと、フランクリンは『自伝』（岩波文庫）の中で回想している。

こうした状況は基本的に、一九世紀に入っても変わらなかった。異なる方法で得られた電気がすべて同一か否かの議論は、いまなお、混迷の中にあったのである。たとえば、あのデイヴィーですら、電気鱏《エイ》が出す動物電気は電池から供給される電気とは異なる特殊なものと考えていたほどである。

そこで、ファラデーは一八三二年、ヴォルタ電池、摩擦電気、電磁誘導、熱電気、動物電気（エイやウナギなどの電気魚）の五つの発生源から得られる電気について、それらの磁気作用、熱作用、電気分解、火花放電、生理的な刺激などの効果を測定してみた（なお、熱電気とは一八二一年、ドイツのゼーベックが発見した現象である。二種の金属の両端を接合して閉じた回路をつくり、接合部の一方を加熱、もう一方を冷却すると、電流が生じるのである）。

その結果、「電気はその発生源によらず、すべて同じ性質を示す」と、ファラデーは結論づけた。ここに、電気の同一性が証明されたのである（図３－11）。

| | Physiological Effects. | Magnetic Deflection. | Magnets made. | Spark. | Heating Power. | True chemical Action. | Attraction and Repulsion. | Discharge by Hot Air. |
|---|---|---|---|---|---|---|---|---|
| 1. Voltaic electricity...... | × | × | × | × | × | × | × | × |
| 2. Common electricity .... | × | × | × | × | × | × | × | × |
| 3. Magneto-Electricity... | × | × | × | × | × | × | × | |
| 4. Thermo-Electricity .... | × | × | + | + | + | + | | |
| 5. Animal Electricity .... | × | × | × | + | + | × | | |

**図3-11　5種の電気について、各項目の性質を比較した表。×印が同一性を示す。＋印はその後、同一性が確認された項目**（『ファラデー電気実験』より）

## 電気分解の法則

ところで、電気の同一性を証明する際、ファラデーはデイヴィーが元素の抽出に利用した電気分解を多用しているが、そこから、副産物のようにして、もうひとつ重要な結果がもたらされた。一八三三年に発見された電気分解の法則である。

その内容は『ファラデー電気実験』に詳述されているが、要約すると次のようになる。

まず、「電気分解の作用は電気の一定量に対し常に一定で、電源、電極の大きさ、電流を通す導体の性質などの条件にはいっさいよらない」としている。つまり、流れる電気量だけによる効果というわけである。そして、「電気分解によって生じる物質の量は、通過する電気量に比例する」ことが示された。

さらに、ファラデーは種々の物質について、一定の電気量によって分解される相対的な量を「電気化学当量」(electro-chemical equivalent)と定義し、水素を1としたときの各イオンの値

**847. Table of Ions.**

*Anions.*

| | | | | | |
|---|---|---|---|---|---|
| Oxygen | 8 | Selenic acid | 64 | Tartaric acid | 66 |
| Chlorine | 35·5 | Nitric acid | 54 | Citric acid | 58 |
| Iodine | 126 | Chloric acid | 75·5 | Oxalic acid | 36 |
| Bromine | 78·3 | Phosphoric acid | 35·7 | Sulphur (?) | 16 |
| Fluorine | 18·7 | Carbonic acid | 22 | Selenium (?) | |
| Cyanogen | 26 | Boracic acid | 24 | Sulpho-cyanogen | |
| Sulphuric acid | 40 | Acetic acid | 51 | | |

*Cations.*

| | | | | | |
|---|---|---|---|---|---|
| Hydrogen | 1 | Cadmium | 55·8 | Soda | 31·3 |
| Potassium | 39·2 | Cerium | 46 | Lithia | 18 |
| Sodium | 23·3 | Cobalt | 29·5 | Baryta | 76·7 |
| Lithium | 10 | Nickel | 29·5 | Strontia | 51·8 |
| Barium | 68·7 | Antimony | 64·6? | Lime | 28·5 |
| Strontium | 43·8 | Bismuth | 71 | Magnesia | 20·7 |
| Calcium | 20·5 | Mercury | 200 | Alumina | (?) |
| Magnesium | 12·7 | Silver | 108 | Protoxides generally. | |
| Manganese | 27·7 | Platina | 98·6? | Quinia | 171·6 |
| Zinc | 32·5 | Gold | (?) | Cinchona | 160 |
| Tin | 57·9 | | | Morphia | 290 |
| Lead | 103·5 | Ammonia | 17 | Vegeto-alkalies generally. | |
| Iron | 28 | Potassa | 47·2 | | |
| Copper | 31·6 | | | | |

**図3-12　電気化学当量の表**

を表にまとめている（図3－12）。表の上段が陰イオン（anion）、下段が陽イオン（cation）である。それを見ると、酸素が8、塩素が35・5、カリウムが39・2、鉄が28……といった具合に、電気化学当量の値が列挙されている。

ところで、ファラデーは電気分解の法則をまとめるに当たって、それに必要な新しい用語をつくっている。電極（electrode）、陽極（anode）、陰極（cathode）、電解質（electrolyte）、電気分解（electrolysis）、陰イオン（anion）などはすべて、ファラデーによる造語である。

ここで「極」を表すのに用いた"-ode"は「道」を意味するギリシア語で、

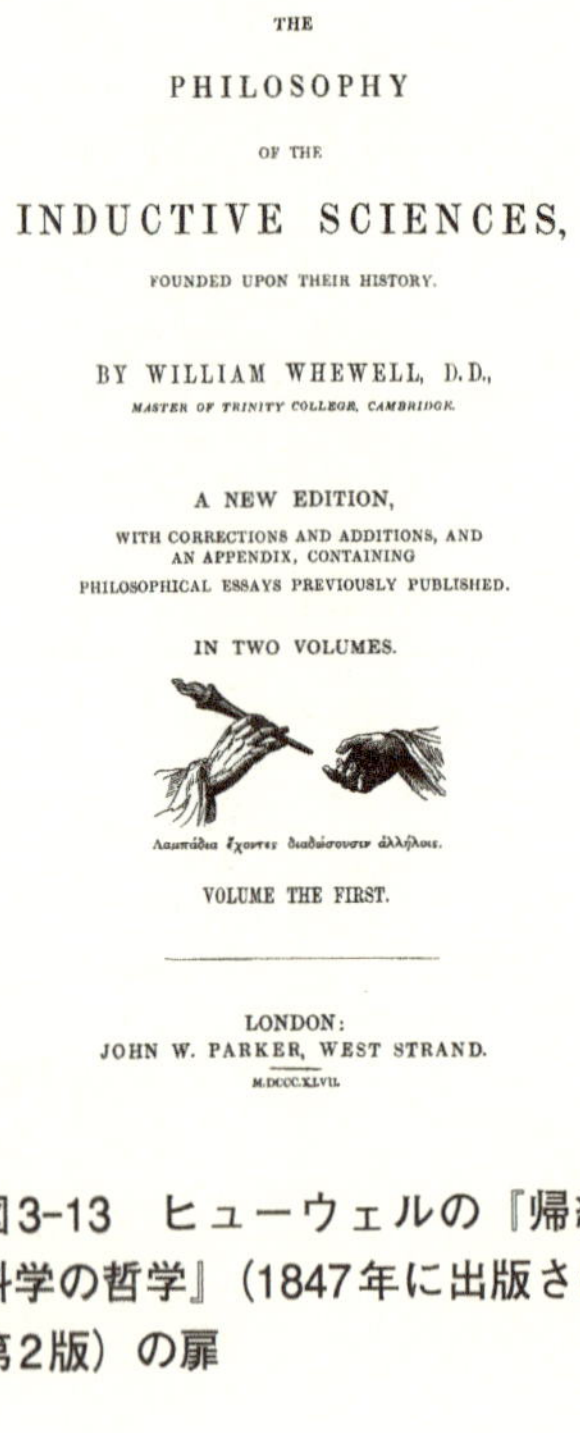
THE

PHILOSOPHY

OF THE

INDUCTIVE SCIENCES,

FOUNDED UPON THEIR HISTORY.

BY WILLIAM WHEWELL, D.D.,

MASTER OF TRINITY COLLEGE, CAMBRIDGE.

A NEW EDITION,

WITH CORRECTIONS AND ADDITIONS, AND AN APPENDIX, CONTAINING PHILOSOPHICAL ESSAYS PREVIOUSLY PUBLISHED.

IN TWO VOLUMES.

Λαμπάδια ἔχοντες διαδώσουσιν ἀλλήλοις.

VOLUME THE FIRST.

LONDON:
JOHN W. PARKER, WEST STRAND.

M.DCCC.XLVII.

**図3-13　ヒューウェルの『帰納的科学の哲学』（1847年に出版された第2版）の扉**

“anode”と“cathode”はそれぞれ、「太陽が昇る道」、「太陽が沈む道」に由来している。

造語を考えるに際し、ファラデーはケンブリッジのトリニティ・カレッジ教授のヒューウェルに手紙を書き（一八三四年四月二四日）、言語学の観点からの助言を求めている。翌日、早くもヒューウェルはファラデーに返事を送っている。その後、数回、二人の間で手紙のやり取りが行われ、いま述べた用語に落ち着いたのである（『ファラデー書簡集』）。

ヒューウェルは一八四〇年に著した『帰納的科学の哲学』（図3-13）の中で、「ファラデー氏は電気化学の理論を詳しく説明するためには、anode と cathode、anion と cation のような用語を導入することが必要であることに気がついた」と語り、専門用語（technical term）を確定し、それを研究者の間で共有することは、科学の発展に不可欠であると述べている。

## 自然哲学と科学者

一般に、科学に新しい分野が台頭してくると、そこには従来なかった概念や量が導入されるため、必然的にそれらを記述する専門用語をつくらねばならなくなる。一九世紀の後半、熱力学の発展にともなって提唱された「エネルギー」（勢いを意味するギリシア語に由来）や「エントロピー」（変化）などは、その好例であろう。

こうした傾向は、専門用語に限らず、別の面でも顕著になってきた。

一八世紀末から一九世紀初頭にかけ、フランスそしてドイツ、少し遅れてイギリスでも、科学の研究に携わる専門家を系統的なカリキュラムのもとで育てる養成機関が形を成しつつあった（その嚆矢《こうし》となったのは、一七九四年、パリに創設されたエコール・ポリテクニクである）。そうなると、そこを修了した人たちは科学の研究を職業とする専門家集団を形成し、社会の中で一定の役割を担うようになってきた。産業革命が進む社会が、科学にかかわる人材を積極的に必要とするようになったからである。

そのような時代状況を捉えたヒューウェルは、科学研究を行う専門家を指す呼称として、“scientist”（科学者）という造語を『帰納的科学の哲学』の中で提唱している。「今日、科学の開拓者（cultivator of science）を意味する名称を決める必要が出てきている。そこで、私は彼らを"scientist"と呼びたいと思う」と、ヒューウェルは書いている。これを機に、この言葉が広く使われるようになったのである。

つまり、それ以前、「サイエンティスト」という言葉はなかったわけである。したがって、我々は普段、なにげなく、ガリレオやニュートンを"科学者"と呼んでいるが、それは便宜的な表現にすぎなかったことになる。彼らは皆、「自然哲学者」（natural philosopher）であった。

さて、ヒューウェルの"scientist"の提唱について、ファラデーは一八四〇年五月二〇日、手紙でこう伝えている（『ファラデー書簡集』）。「新しい"scientist"という言葉は適切な表現だと納得します。それからもうひとつ、あなたが提唱した"physicist"（物理学者）の方ですが、これは発音しにくく、聞き取りにくいと思います」。

昨今の世の中を考えると、ファラデーは「サイエンティスト」という造語の必要性は認めたものの、自らはそう呼ばれることを好まなかった。自分の存在と研究がなんとなく矮小化《わいしょう》されているように感じたからなのであろう。ファラデーは最後まで、自然哲学者としての自負をもちつづけたのである。

## 静電誘導と誘電体

一八三七年、ファラデーは静電誘導と呼ばれる現象について実験を行っている。

電気分解が示すように、電解質が液体の場合はそこに電流が通じるが、これが固体の状態になると絶縁体になってしまう。たとえば、水は凍ると電導性を失う。それでも、氷塊の両面を電極で挟み、電池につなぐと、電流は流れないものの、氷の表面が帯電する。このように、一般に絶縁体の表面に静電気が生じる現象を静電誘導という。

ファラデーはこの原因を、絶縁体を構成する粒子が電気的な分極を起こし、それが連結するためと考えた。つまり、粒子の一方の端に（＋）（正電荷）、もう一方に（−《マイナス》）（負電荷）が現れ、それらが隣接して長くつながっていく結果、絶縁体の入口と出口に当たる表面が帯電するというわけである。こうした解釈を施したとき、絶縁体は「誘電体」と呼ばれる。

そこで、ファラデーはさまざまな誘電体について、そこにどのくらいの電気量が蓄積（誘導）されるのかを調べている。図3－14はそのとき用いられた装置である（『ファラデー電気実験』）。

金属の同心球の間に誘電体を満たし、そこに誘導される電気量を、空気を満たした場合を1として、その比を測定したのである。これはコンデンサーの原理であり、この比は誘電率を求めたことになる。

なお、ファラデーに先立つこと六十余年前、静電誘導の実験を試み、誘電率を測定していながら、その成果をいっさい公開しないという不可解な行動をとった人物がいた。例のキャヴェンデ

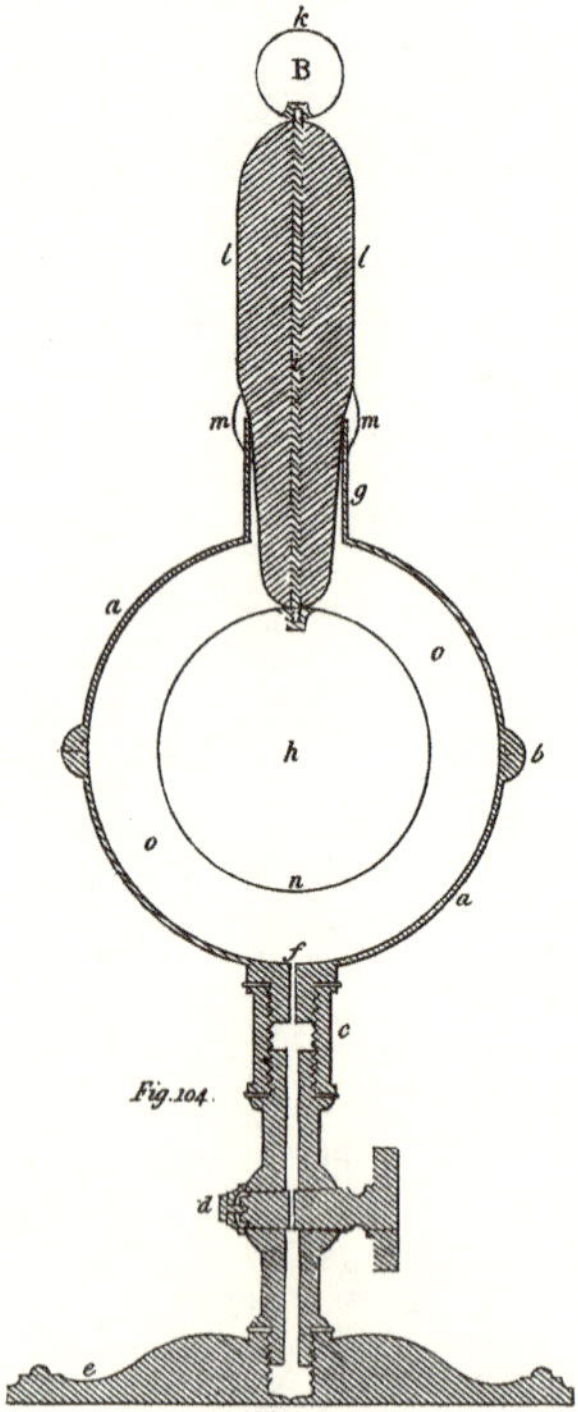

図3-14　誘電率の測定に用いられた装置

イッシュである。マクスウェルによって発掘されたこの歴史秘話は大変興味深いが、それは章をあらためて触れることにし、ここではもうしばらく、ファラデーのその後の実験をたどっておくことにしよう。

## 反磁性と常磁性

電磁誘導の発見を通し、ファラデーは電気と磁気の相関を見出していたが、一八四五年、今度は光と磁気の間にも相互作用が働くことを初めて明らかにした。

このとき役に立ったのが、以前、王立協会から委嘱《いしょく》を受けて開発した、鉛の含有量が多く屈折率の大きい光学ガラスである（図3－15）。ファラデーはこの光学ガラスに磁場をかけ、そこに光を通すと、偏光面（光波の振動面）が回転する現象を発見したのである。これを「ファラデー効果」という。

偏光面の回転角は光が通過するガラスの長さに比例し、磁場の向きを反対にすると、回転の向きも反転することが示された。また、光の進行方向に磁場をかけると回転角は最大となり、両者が直交すると偏光面の回転は生じなかった。

**図3-15　光学ガラスを手にするファラデー**（『ファラデー書簡集』）

なお、光と磁気にこうした相関が見出されれば、光と電気の間にも同じような効果が現れるのではないかと予想するのは自然であろう。その発見はファラデーの没後のこととなるが、一八七五年、イギリスのカーが電場の中に等方性の透明物質を置き、そこに光を通すと、複屈折（光線が二つに分かれる現象）が起きることを示している。

ところで、鉄、ニッケル、コバルトなどの金属は磁石に引き寄せられる。

ところが、光学ガラスを強い磁場の中に吊るすと、ガラスは磁石から反発され、N極とS極を結ぶ直線と直交する位置で静止することをファラデーは発見した。ファラデーはこの実験結果を知らせるヒューウェル宛ての手紙（一八四五年一二月八日）の中で、ガラスが示す磁気的性質を「反磁性」(diamagnetic) と呼びたいと書いている（『ファラデー書簡集』）。

これに対し、鉄などのように磁石に引き寄せられる物質の性質を「常磁性」(paramagnetic) というが、この用語を提案したのはヒューウェルである（ファラデー宛ての一八五〇年八月一二日の手紙。『ファラデー書簡集』）。折り返し、ファラデーはヒューウェルに礼の手紙を送り、この用語を使わせてもらうと書いている。

電気分解の法則のところでも述べたが、新興著しい分野では発見が相次ぐたびに、新しい用語を導入する必要が生じてくる。反磁性の発見もそうした状況をつくり出したわけであるが、ここでも、ヒューウェルはファラデーの相談相手となったのである。

さて、反磁性を発見すると、ファラデーは五〇種類以上もの物質に強い磁場を作用させ、その反応を調べている。その中には、水晶、硫酸カルシウム、ミョウバンなどと並んで、砂糖、木材、象牙、さらには牛肉、血、リンゴ、パンといったものまで含まれている。

実験結果は一八四五年一二月、「あらゆる物質の磁気的性質」と題し、王立協会で報告された。そして、いずれの物質も反磁性か常磁性のどちらかを有することが示されたのである。

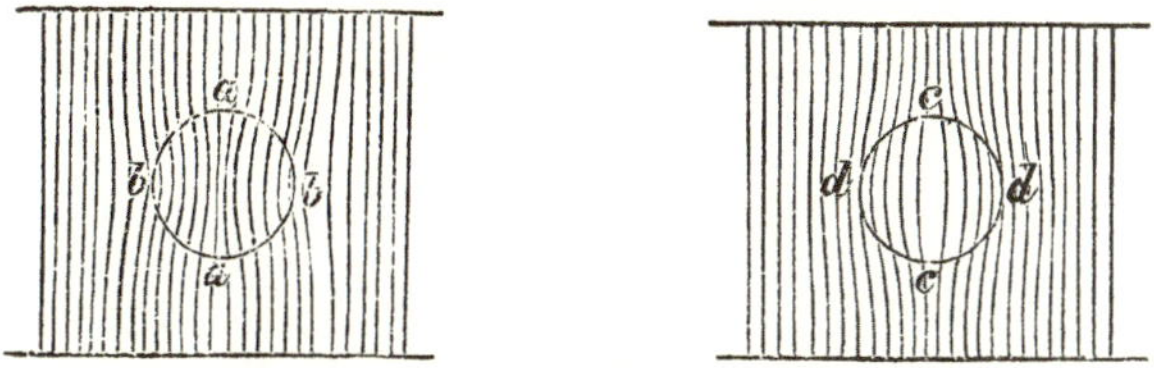


図3-16　常磁性（左）と反磁性（右）

こうした二種類の磁性の違いについて、ファラデーは一八五〇年一一月、次のような見解を述べている（『ファラデー電気実験』）。常磁性体は磁力線を内部に引き込み、集中させる性質がある（図3-16左）。これに対し、反磁性体が磁石から反発されるのは、磁力線が中に入りにくく、外にはじき出され、その圧力に押されるためである（図3-16右）。そこで、ファラデーは反磁性体のまわりに鉄粉をまき、磁場をかけると、予想どおり、鉄粉が描く磁力線が外に押し出される様子が見て取れることを示している。

いままで紹介してきたように、ファラデーの研究では、論文集を開いても、書簡集をひもといても、数学はまったく使われていない。にもかかわらず、ファラデーは磁力線という視覚に訴える、わかりやすい表現形式を思いつき、物質の磁性を説明したのである。

## “共演”の始まり

さて、第2章でも触れたように、マクスウェルは一八五五年から一八五六年にかけ、「ファラデーの力線について」と題する研究をケンブリッジ哲学協会で報告、翌一八五七年三月には、その内容を長大な論文にまとめている。論文が刷り上がるとすぐに、マクスウェルはそれを力線の提唱者に送ったのである。

折り返し、ファラデーから届いた返事（一八五七年三月二五日）には、「数学の力が物理的対象とかくも深くかかわっているのを見て驚きました」と書かれてあった（『ファラデー書簡集』）。

このとき、マクスウェルはまだ二五歳、新進気鋭の物理学徒である。それだけに、大御所から届いた賛辞は励みになったことと思う。一方、ファラデーにとっても、自分の実験成果を数学によって洗練された理論につくり上げてくれる後継者の出現は、心強かったことであろう。

これを機に、電磁気学を舞台にした二人の〝共演〟が始まるわけであるが、後年、マクスウェルはファラデーの実験家としての才能を、『電気磁気論』（一八七三年）の中で次のように述べている（『古典物理学を創った人々 ガリレオからマクスウェルまで』エミリオ・セグレ著、久保亮五・矢崎裕二訳、みすず書房）。

ファラデーの研究を読み進むにつれて、彼の流儀の現象の表現法は、通例の数学的記号の形式こそとっていないがやはり一種の数学的な方法である、ということがわかってきた。さらに、この方法は通常の数学的形式によっても表わせるものであり、そうすることによって専門的な数学者の方法とも比較しうる、ということもわかった。（中略）数学者たちが発見した最も実りある探究法にしても、そのうちのいくつかは、ファラデーの方法から導かれる考え方を使うと、もともとの形よりもはるかにうまく表わされるということもわかったのである。

数学の素養を欠いていたにもかかわらず、巧みな実験センスを発揮して、真理をつかみ取るファラデーの科学者としての嗅覚に、マクスウェルは——自身が数学の才に長じているだけに——舌を巻いたのである。しかも、おそらく本人はまったく意識していなかったのであろうが、実験結果を表現するファラデーのスタイルは、そのまま自然に数学の言葉に載ってくることにマクスウェルは気がついたわけである。

『電気磁気論』を発表した同じ年、マクスウェルは『ネイチャー』に発表した「ファラデー」という一文の中でも、次のような趣旨のことを述べている。

ファラデーは電磁気学の発展に多大な貢献を果たしたが、ひとつ矛盾に感じることがある。電磁気学は精密科学であり、そのいくつかの領域ではファラデー以前にすでに、数学の表現形式を取り入れていた。ところが、ファラデーは数学者を装うことはしなかった。彼の著作には、精密科学でのエッセンスである積分や微分方程式がひとつも見出せないからである。ファラデー以前のポアソンとアンペール、あるいはファラデー後のウェーバーとノイマンの論文を見れば、頁は数学の記号で埋め尽くされていることがわかるが、ファラデーはそれを理解しなかったであろう。にもかかわらず、ファラデーがいくつもの偉大な発見を成し遂げたということは、彼の研究手法は数学の助けを借りる必要がないほど高かったのである。

ここにも、マクスウェルの驚きが見て取れる。数学という物理学にとって不可欠の道具をまったく使わず、いわば徒手空拳《としゅくうけん》で真理を探り当てるファラデーの技は、ほとんど信じられないものに映ったからであろう。マクスウェルがファラデーについてこうした印象を強く抱くようになったのは、自身で先駆者の実験をたどりながら、その成果を数理化する努力をつづけたからに他ならない。

その主な業績をひとまず並べてみると、一八六一年から一八六二年にかけ、「ファラデーの力線について」を発展させた「物理的力線について」という論文を書いている。そこには、電磁気学に加え、ファラデーが発見した光波の振動面に対する磁気の効果も扱われている。一八六四年には、「電磁場の動力学的理論」が発表され、今日、〃マクスウェル方程式〃と呼ばれる電磁気学の基礎方程式の原型が提示された。そして、一八七三年、マクスウェルはそれらを集大成した『電気磁気論』をまとめるのである。

## 光の速度と電磁気現象

いま、名前をあげたマクスウェル方程式から電磁波が導き出されることになるわけであるが、すでに、「物理的力線について」の中で早くも、そのことを暗示する予測が次のように述べられている（『マクスウェル論文集』）。

仮想した媒質中を伝わる横波の速度を、コールラウシュとウェーバーが行った電磁気実験の結果にもとづいて計算すると、その値はフィゾーの光学実験から求められる光の速度と正確に一致する。そうなると、光とは電磁気現象の原因である媒質と同じ媒質を伝播する横波であると推論せざるを得ない。

ここで少し注釈を加えておくと、マクスウェルの言わんとするところはこうである。当時、電磁気現象は真空中に充満していると仮想された媒質の存在を前提にして解釈されていた。その媒質が引き起こす、なんらかの弾性力が電磁気作用となって現れるという理解の仕方である。そして、マクスウェルはその作用が横波となり、一定の速度で伝わると考えた。同じように、光の伝播も、ある種の媒質を想定し、それがつくり出す波動に起因するとみなされていた（音には空気、水の波には水、弾性波には固体の存在が必要なように、光波にもそれを伝える媒質があるはずであるというわけである）。

さて、引用文に登場するフランスのフィゾーであるが、彼は一八四九年、高速回転する歯車の歯間を通り抜けた光を鏡で反射させる装置を組み立て、光の伝播速度を測る実験を行っている。反射された光が再び、回転する歯車の歯間を通過すれば、視野は明るくなるし、歯に遮断されれば、視野は暗くなる。光源から鏡までの距離は既知なので、歯車の回転速度を調節しながら明暗の変化を観測すれば、光の速度が求められる。こうして、フィゾーは秒速3・15×$10^8$メートルという値を得た。

一方、ドイツのコールラウシュとウェーバーは一八五六年に、電磁気学の基本量を測定する実験を行っている。この結果を使って、マクスウェルが電磁気現象が横波として媒質中を伝わるとした場合の速度を計算したところ、その値は秒速3・1074×$10^8$メートルとなったのである。「両者の速度は正確に一致する」とマクスウェルが書いているのは、こういう次第である。

それにしても、この一致に気がついたとき、マクスウェルは体が震えるほどの興奮と感動を覚えたのではないかと思う。初めて自然の真理を解き明かした人間のみが享受できる、至福の一瞬が訪れたのである。

二つの異なる波の速度がここまで高い精度で一致するという偶然は、まずあり得ない。そうだとすると、両者は同じものと考えるのが自然であろう。このとき、マクスウェルは光の正体とは横波になって伝わる電磁作用と確信したのである。

## エーテルという〝信念〟

ところで、前節の引用文の中でマクスウェルが語るところの「仮想媒質」は、〝エーテル〟と呼ばれていた（有機化合物のエーテルとは無関係。念のため）。このエーテル、そのルーツは天動説にまで遡る。

天動説に従うと、宇宙は月の天球を境にして、人間の世界である地上界と星々の世界である天上界に峻別されていた。この二つの世界ではそれぞれを構成する元素も完全に異なっており、地上界は土、水、空気、火の四元素、一方、天上界は第五元素に当たるエーテルのみから成るとみなされていた。

一五四三年、コペルニクスが『天球の回転について』を世に問い、天動説を否定したことはよく知られているが、この場合でもエーテルの存在はそのまま容認されたのである。また、ガリレオが望遠鏡による天体観測をまとめた『星界の報告』（一六一〇年）を開くと、木星の衛星の動きを記述する箇所で、エーテルについての言及が見られる。さらに、ニュートンも『光学』（一七〇四年）の「疑問」という項目において、光の屈折をエーテルという媒質を想定して解釈して

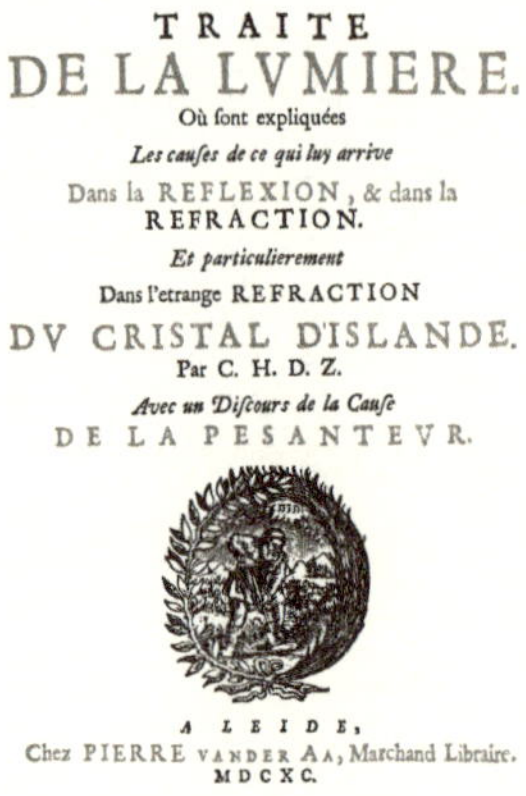
TRAITE
DE LA LVMIERE.
Où font expliquées
*Les caufes de ce qui luy arrive*
Dans la REFLEXION, & dans la
REFRACTION.
*Et particulierement*
Dans l'etrange REFRACTION
DV CRISTAL D'ISLANDE.
Par C. H. D. Z.
*Avec un Difcours de la Caufe*
DE LA PESANTEVR.

A LEIDE,
Chez PIERRE VANDER AA, Marchand Libraire.
MDCXC.

図3-17　ホイヘンス『光についての論考』

いる。ニュートンは「エーテルがどういうものかはわからない」としながらも、空間には〝何か〟が充満し、それが光の伝播にかかわっていると考えていたのである。

この点をいっそう明確に考察したのは、ニュートンと同時代に生きたオランダのホイヘンスである。ホイヘンスは一六九〇年、『光についての論考』を著し、音とのアナロジーを用いて光の伝播を論じている（図3－17）。音が聞こえるのは、音源と耳の間に空気があるからである。同様に光源から出た光が我々のもとに届くのは、空間に存在する何らかの媒質が引き起こす運動のためであるとホイヘンスは書いている。それがエーテルである。

図3－18はホイヘンスが同書に載せた、ロウソクの炎を源とした光が伝わっていく現象を説明したものである。炎の中の任意の点をA、B、Cで区別すると、そこをそれぞれの波源にして同

心円を描くように波が広がっていく様子が図示されている。

このとき、光の波面は互いに邪魔し合うことなくそのまま進んでいく。それは、エーテルを構成する粒子が弾性衝突を連続的に起こし、あらゆる方向から伝わる運動を妨げ合うことなく、伝えられるからだとホイヘンスは述べている。

図3－19は、弾性体とみなしたエーテル粒子の衝突を説明するのに用いられたスケッチである。AとDの粒子が同じ速度で左右の反対側から一列に隣接する粒子にぶつかると、AとDは逆方向に前と同じ速度ではね返される。このとき、両者が与えた衝撃は一列に並んだ粒子の中を通り抜け、中央のBとCの粒子で出会うが、ぶつけられた一連の粒子はそのまま、元の位置に留まっている。つまり、エーテルを弾性体と考えれば、さまざまな方向から来た光を支障なく伝えられるというわけである。

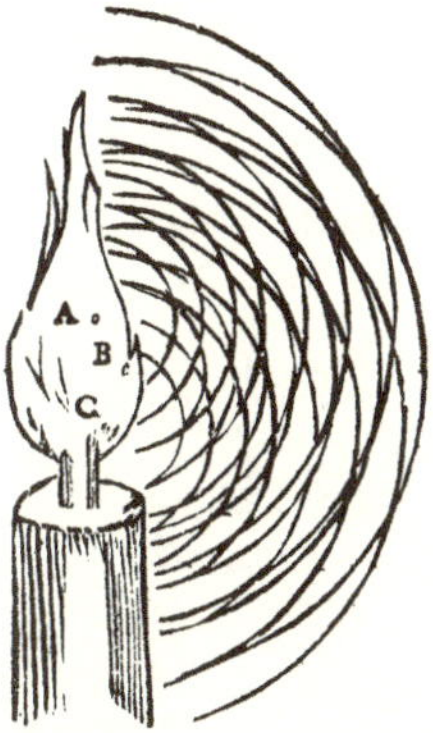

図3-18　炎から出た光の伝播

ニュートンと同様、ホイヘンスもエーテルが何かを知っていたわけではなかったであろうが、現象論的にそれについて推論を著作の中で展開している。そして、ともかくも、図3－19にあるような小さな球体をもってエーテルを描いたわけであるから、ホイヘンスにとって、この媒質は紛れもなく実体だったのである。

実はエーテルなど、どこにも無かったにもかかわらず、近代物理学は無かった代物《しろもの》の実在を前提とし、天動説の残滓《ざんし》を引きずりながら発展してきたといえる。不思議といえば不思議な話だと思う。その流れは基本的に、一九世紀後半に入ってからも変わることはなかった。マクスウェルは『エンサイクロペディア・ブリタニカ』（一八七五年版）の「エーテル」という項目を担当したとき、次のように書いている（『世界の名著65　現代の科学I』「原子・引力・エーテル」井上健訳、中央公論新社）。


エーテルの組成についての一つの首尾一貫したアイデアをつくりあげるに当たって、たとえどのような困難に直面することになるにしても、惑星間および恒星間の空間は空虚なのではなくて、ある物質あるいは物体によって占められているということには、疑問の余地は全くありえない。

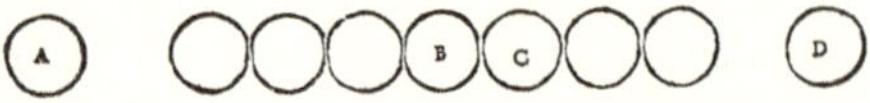

図3-19　ホイヘンスがエーテル粒子を弾性体に見立て、その衝突を説明した図

正体は不明であるが、それは存在するに違いないというわけである。

二〇世紀に足を踏み入れた時点においてすら、フランスのポアンカレは『科学と仮説』（一九〇二年）でこう述べている（河野伊三郎訳、岩波文庫）。

エーテルの信念がどこから起ったかはよく知られている。もし光が遠い星から我々のところに達すると、幾年月の間、光は星から出ていてまだ地球にはとどいていないから、その間はどこかにあって、いわば何か物質でささえられていなければならないはずである。

ポアンカレは「信念」という表現を使っている。エーテルの証拠を直接、捉えることはできていないが、光（電磁波）が伝わるからには、空間にそう呼ぶべき媒質が満ちていることは疑いがないというのが、物理学者たちの信念だったのである。

エーテルに〝引導〟を渡したのは、アインシュタインである。一九〇五年、特殊相対性理論を発表した論文「運動物体の電気力学について」の中で、アインシュタインが初めて物理学的証拠を提示して、あえてエーテルを仮想する必要などないことを証明している。光（電磁波）は媒質が存在しなくとも、それ自身が真空中をエネルギーと運動量をともなって伝わっていくことが示された。ここに、媒質に依存しない波動が生じ得るという、それまでの物理学の常識を覆す結論が導き出されたのである。

こうして天動説の尻尾《しっぽ》を引きずったエーテルはついに、その命脈を断たれることになる。

ということは、マクスウェルは実はありもしなかったエーテルを前提として、電磁気学の基本方程式をまとめ、そこから、電磁場が空間を伝播する波動方程式を求めたわけである。要するに、前提は完全に間違っていたにもかかわらず、理論そのものは——現代の物理学の教科書の必須項目となっているように——正しかったという、ある意味、妙な展開をみせることになる。そこに、歴史の面白さがある。

## マクスウェル方程式と電磁波——現代版

さて、マクスウェルがそれまでに得られた実験結果にもとづいて導き出した電磁気学の基本方程式は、今日、「マクスウェル方程式」と呼ばれている（それは力学におけるニュートンの運動方程式に相当する基本方程式である）。

ただし、マクスウェルによるオリジナルな表記はいまから見れば、かなり繁雑に映るので、まずは、それを現在の教科書にあるスタイルで示しておくと、（1）〜（4）のような四つの方程式になる（図3-20）。なお、rot（ローテーション、回転）は微分演算子∇とのベクトル積、div（ダイヴァージェンス、発散）は∇とのスカラー積を表している。それでは順に各式の意味するところを、かいつまんで述べておこう。

式（1）は、電流$I$によって磁場$B$が発生することを表している（$\epsilon_0$は真空誘電率、$\mu_0$は真

(1)　$\mathrm{rot}\,\boldsymbol{B} = \mu_0\left(\boldsymbol{I} + \epsilon_0 \dfrac{\partial \boldsymbol{E}}{\partial t}\right)$

(2)　$\mathrm{rot}\,\boldsymbol{E} = -\dfrac{\partial \boldsymbol{B}}{\partial t}$

(3)　$\mathrm{div}\,\boldsymbol{E} = \dfrac{\rho}{\epsilon_0}$

(4)　$\mathrm{div}\,\boldsymbol{B} = 0$

$$\nabla \equiv \frac{\partial}{\partial x}\boldsymbol{i} + \frac{\partial}{\partial y}\boldsymbol{j} + \frac{\partial}{\partial z}\boldsymbol{k}$$

$$\mathrm{rot}\,\boldsymbol{B} = \nabla \times \boldsymbol{B}$$

$$\mathrm{div}\,\boldsymbol{E} = \nabla \cdot \boldsymbol{E}$$

**図3-20　マクスウェル方程式（1）～（4）とそこに使われる演算子**

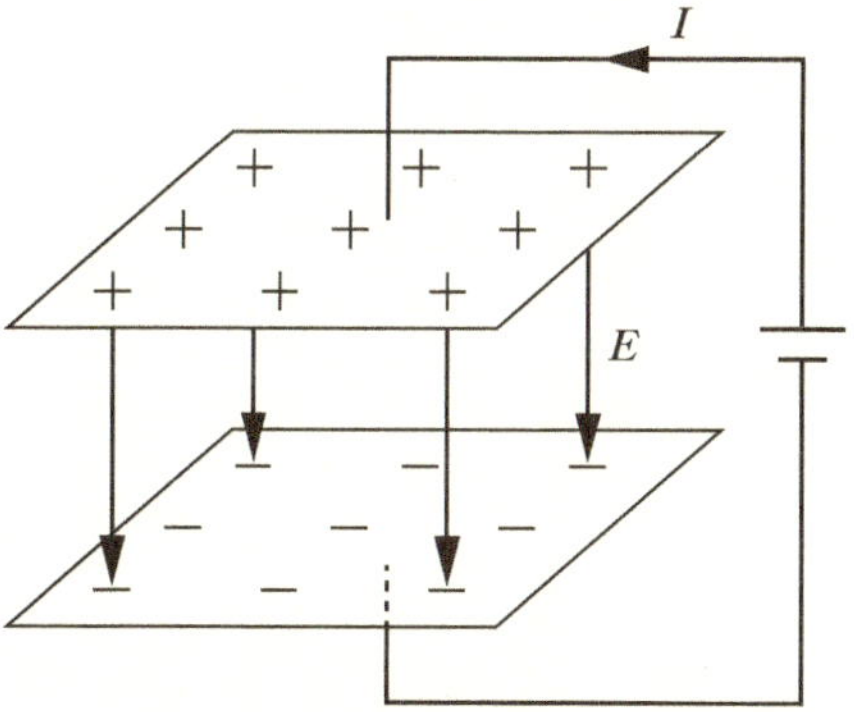


図3-21　変位電流

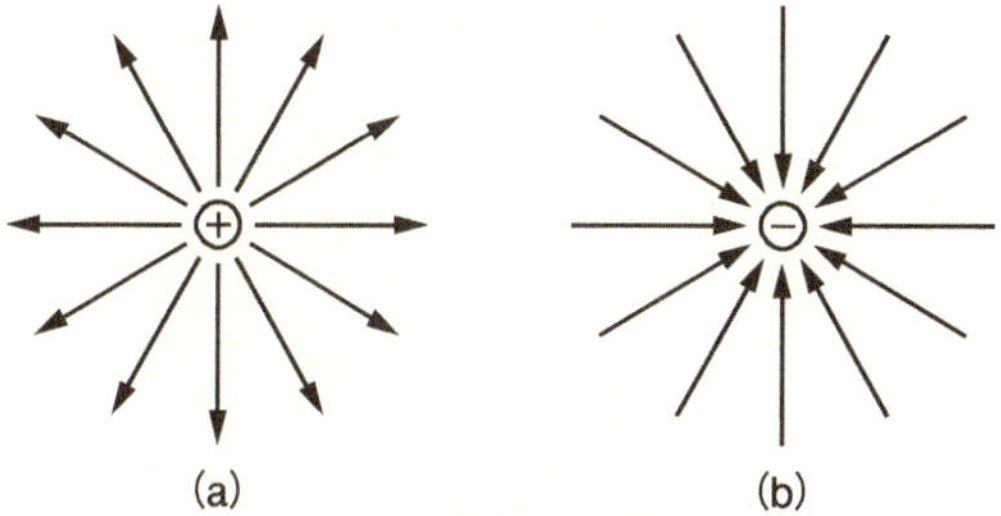


図3-22　電場の発散

空透磁率と呼ばれる定数である）。式の右辺には$I$の他にもうひとつ、電場$E$の時間変化を表す項が付け加わっているが、これを変位電流という。

たとえば、図3－21のような平行板に充電すると、充電が進む間、極板（＋極と－極）間の電場$E$が変化していくにともない、やはり磁場$B$が発生する。実際に隔てられた極板間に電流が流れるわけではないが、電流と同じ効果をもたらすことから、変位電流と呼ばれている。

なお、式（1）の左辺で磁場$B$にrotの演算を施すと、ある面積を貫く電流の$\mu_0$倍が、その面積の縁に沿って磁場を積分（足し合わせ）したものに等しいことが導かれるのである。

次に、式（2）はファラデーが発見した電磁誘導そのものの数学的表現に他ならない。磁場の時間変化が、電場を生じさせることを示している。

式（3）は、電荷$\rho$が存在すると、その周囲に放射状に発散する電気力線で描かれる電場が発生することを記述している（図3－22、負電荷の場合は、そこが吸い込み口となる）。

そして、式（4）は磁荷と電荷の本質的な違いを表している。電荷は正と負が単独で存在する。一方、磁荷は必ず、N極とS極が対《ペア》で現れる。磁石をどんなに小さく切り刻んでも、N極だけ、あるいはS極だけの単極はつくれない。したがって、磁場に関しては、図3－22の電場とは異なり、湧き出しも吸い込みもなく、力線が閉じているので、発散はゼロとなるわけである。

以上見てきたように、マクスウェル方程式は電場と磁場についての〝連立方程式〟になってい

$$\epsilon_0\mu_0\frac{\partial^2 \boldsymbol{E}_x}{\partial t^2}=\frac{\partial^2 \boldsymbol{E}_x}{\partial z^2} \qquad v=\frac{1}{\sqrt{\epsilon_0\mu_0}}$$

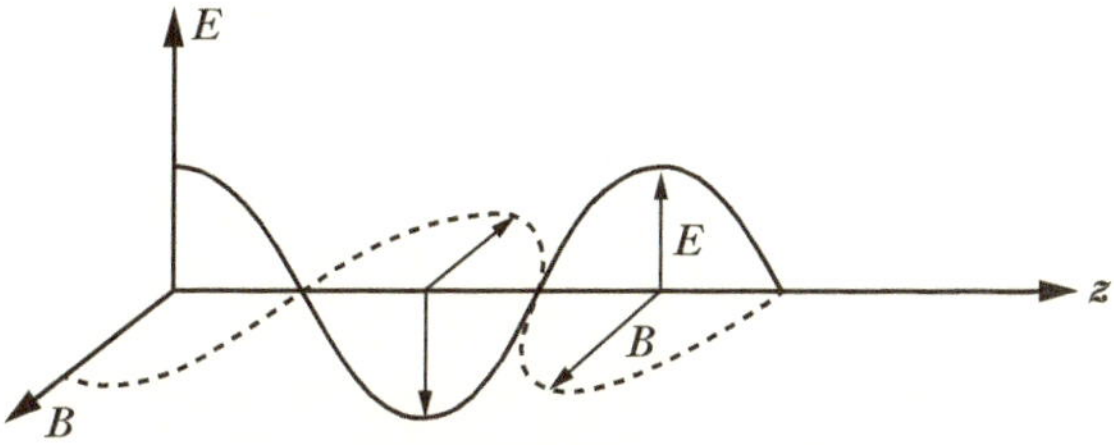


**図3-23　電場の波動方程式とその伝播速度**

る。そこで、一定の条件のもと、この連立方程式を解くと、図3－23に示すような電場の波動方程式が得られる。これから電場が横波となって、速度 $v$ で伝播することがわかる（$\epsilon_0$ と $\mu_0$ の値を代入すると、$v$ が光速に一致することが明らかになる）。

磁場についても同様の波動方程式が導き出され、電場と直交しながら、磁場も速度 $v$ の横波となって進んでいくのである。

つまり、電場の時間変化が磁場を誘発し、そうして生じた磁場の時間変化が今度は、電場を誘発するといった連鎖が繰り返されることになる。これが電磁波である。

## マクスウェル方程式と電磁波——オリジナル版

では次に、順序が逆になったが、マクスウェル方程式と電磁場の波動方程式のオリジナル版を見ておこう。これはすでに触れたように、一八六四年、「電磁場の動力学的理論」の

In these equations of the electromagnetic field we have assumed twenty variable quantities, namely,

| | | | |
|---|---|---|---|
| For Electromagnetic Momentum | F | G | H |
| „ Magnetic Intensity | $\alpha$ | $\beta$ | $\gamma$ |
| „ Electromotive Force | $P$ | $Q$ | $R$ |
| „ Current due to true Conduction | $p$ | $q$ | $r$ |
| „ Electric Displacement | $f$ | $g$ | $h$ |
| „ Total Current (including variation of displacement) | $p'$ | $q'$ | $r'$ |
| „ Quantity of Free Electricity | $e$ | | |
| „ Electric Potential | $\Psi$ | | |

(a)

Between these twenty quantities we have found twenty equations, viz.

| | |
|---|---|
| Three equations of Magnetic Force | (B) |
| „ Electric Currents | (C) |
| „ Electromotive Force | (D) |
| „ Electric Elasticity | (E) |
| „ Electric Resistance | (F) |
| „ Total Currents | (A) |
| One equation of Free Electricity | (G) |
| „ Continuity | (H) |

(b)

**図3-24 (a) 電磁場を記述する変量のリスト、(b) 変量の間の関係を与える方程式のリスト(『マクスウェル論文集』)**

$$\left.\begin{aligned} \frac{d\gamma}{dy}-\frac{d\beta}{dz}&=4\pi p' \\ \frac{d\alpha}{dz}-\frac{d\gamma}{dx}&=4\pi q' \\ \frac{d\beta}{dx}-\frac{d\alpha}{dy}&=4\pi r' \end{aligned}\right\}\cdots\cdots\cdots\cdots\text{(C)}.$$

**図3-25 電流 ($p'$, $q'$, $r'$) と磁気力の強さ ($\alpha$, $\beta$, $\gamma$) の関係を与える式(『マクスウェル論文集』)**

中に提示されている（論文が『フィロソフィカル・トランズアクションズ』に掲載されたのは、その翌年になる）。

図3－20では、マクスウェル方程式は四つにまとめられ、ベクトル表記されている。これに対し、オリジナルの式はまだ、ベクトルは使われておらず、電磁場を記述する変量が二〇個、それらの関係を与える方程式の数も二〇個をかぞえる（図3－24）。そのひとつひとつの説明は省略するが、一例として、電流による磁気力の強さを与える式として、マクスウェルは図3－25のような表記をしている。さきほど、オリジナル版はかなり繁雑であると書いた意味がおわかりいただけるかと思う。

$$\left.\begin{aligned} k\nabla^2\mu\alpha &= 4\pi\mu\frac{d^2}{dt^2}\mu\alpha \\ k\nabla^2\mu\beta &= 4\pi\mu\frac{d^2}{dt^2}\mu\beta \\ k\nabla^2\mu\gamma &= 4\pi\mu\frac{d^2}{dt^2}\mu\gamma \end{aligned}\right\}$$

$$V = \pm\sqrt{\frac{k}{4\pi\mu}}$$

**図3-26　電磁波の方程式のオリジナル版**

そして、マクスウェルは磁気力の強さ（$\alpha$、$\beta$、$\gamma$）が図3－26に示す波動方程式で表され、それが速度$V$で空間を伝わることを示している。ここで、コールラウシュとウェーバーによる電気実験のデータを使うと、$V$は光速の測定値と一致する。そこから、磁気的な攪乱《かくらん》が電磁場を通し、横波となって光速で伝わって行き、電気的な攪乱についても同様の方程式が得られると述べら

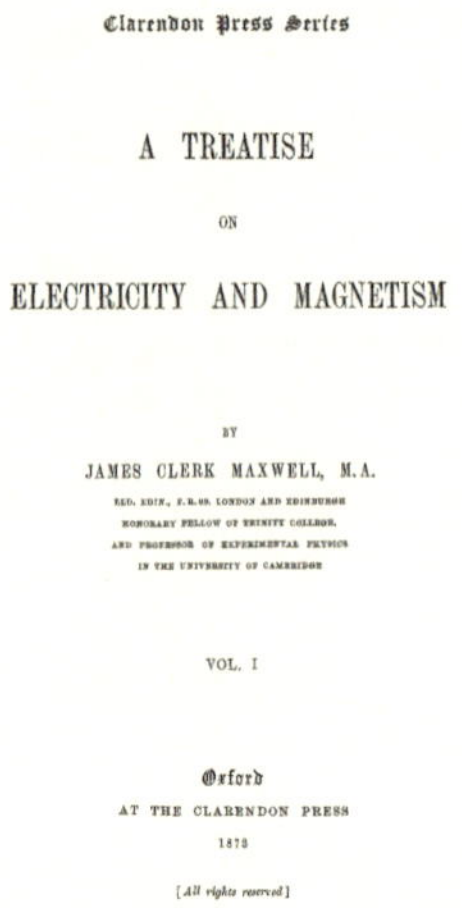
Clarendon Press Series

A TREATISE

ON

ELECTRICITY AND MAGNETISM

BY

JAMES CLERK MAXWELL, M.A.

LLD. EDIN., F.R.SS. LONDON AND EDINBURGH
HONORARY FELLOW OF TRINITY COLLEGE,
AND PROFESSOR OF EXPERIMENTAL PHYSICS
IN THE UNIVERSITY OF CAMBRIDGE

VOL. I

Oxford
AT THE CLARENDON PRESS
1873

[All rights reserved]

図3-27　マクスウェル著『電気磁気論』

れている。

以上見てきたように、「ファラデーの力線について」、「物理的力線について」そして「電磁場の動力学的理論」と研究を進めてきたマクスウェルは、一八七三年、それらの成果を集大成した大著『電気磁気論』（全二巻、図3－27）を発表し、ここに、マクスウェルの電磁気学は完成に至るのである。

なお、マクスウェル方程式がベクトル記号を用い、今日、我々が見慣れたコンパクトで洗練された形にまとめられるのは、マクスウェルの没後、イギリスのヘヴィサイドやドイツのヘルツの手を経てのことになる。

## 電磁波の検出とエーテル

マクスウェルが理論的に導き出した電磁波を一八八八年――マクスウェルの死から九年後――、実際に検出したのは、前節で名前をあげたヘルツである（図3－28、“Gesammelte Werke von Heinrich Hertz”, Bd. I, Johann Ambrosius Barth）。

ヘルツは誘導コイルを用いて電気振動（電流の向きが周期的に反転を繰り返す現象）を起こす一次回路で火花放電を発生させると、そこから電場と磁場の振動が空間を伝わり、二次回路に電気振動を誘発し、火花放電が生じることを確認した（図3－29、一次コイルA、A′の間で生じた火花が、二次コイルBとCにそれぞれ放電を起こさせる。ヘルツの前掲論文集二巻）。

図3-28　ヘルツ

一八五三年、ケルヴィンがコンデンサーとコイルから成る回路で放電を起こしたとき、電気振動の振動数をコンデンサーの容量とコイルの自己誘導係数から求める式を導出していた。ヘルツはこの式を用いて、振動数を算出したのである。

さらにヘルツは、空間を伝わる電磁的な作用が直進、反射、屈折、偏りといった波の特性をもつことも明らかにしている。そこで、定常波をつくり出し、その波長と電気振動の振動数から、電磁波の速

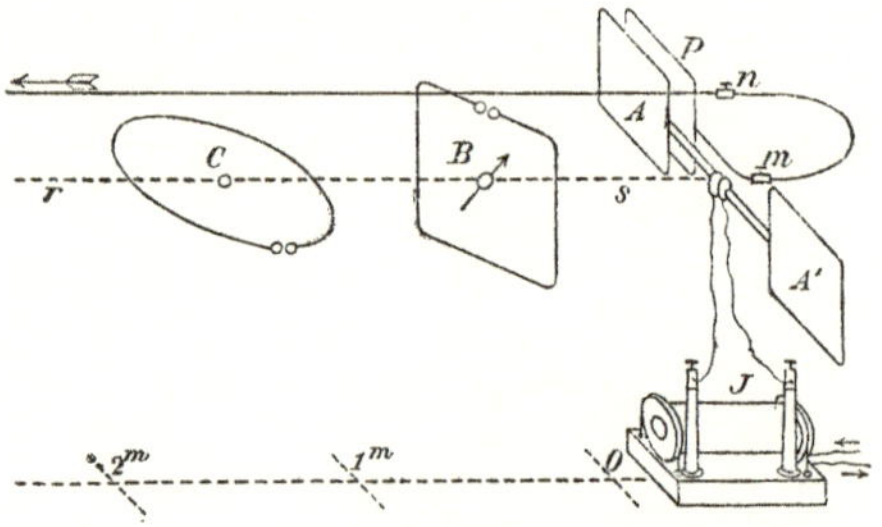

図3-29　ヘルツが電磁波を検出した装置

度を計算すると、その値は光速と一致したのである。ヘルツの実験は「電気力学的作用の伝播速度について」(Ueber die Ausbreitungsgeschwindigkeit der elektrodynamischen Wirkungen) と題する論文にまとめられ、ベルリン科学アカデミー紀要に報告された(『ヘルツ論文集』)。

こうして、マクスウェルの予言どおり、電磁波は検出されるに至ったわけであるが、当時、それは取りも直さず、電磁波を伝える媒質であるエーテルの実在を証明するものと受け取られた。実際、イギリスのフィッツジェラルドはその年のイギリス科学振興協会の年次大会で、「一八八八年はドイツのヘルツが、電磁作用は媒質の介在によって生じることを実験で示した記念すべき年である」と語っている(『ネイチャー』一八八八年九月六日号)。

また、ヘルツの論文のタイトルにもある〝電気力学〟という用語には、電磁気現象をエーテルという弾性体の力学に還元して説明しようとする思いが込められている。すべては「エーテルありき」で、一九世紀の物理学は進められてきたのである。

しかし、すでに述べたように、そんなものはそもそも、初めから無かった。にもかかわらず、無かった実体を前提にして、マクスウェルは電磁気学の理論の体系化を成し遂げ、それを受けて、ヘルツは電磁波の検出に成功したわけであるから、これも繰り返しになるが、科学の歩みとは面白いものだと思う。いわば存在しなかったエーテルを〝水先案内人〟として、電磁気学は完成したのである。

## 電磁気学による技術革新

一九〇九年、イタリアのマルコーニとドイツのブラウンが「無線電信の開発」により、ノーベル物理学賞を受賞することになる。

ヘルツが行った実験では、電磁波を発信させる一次回路とそれを受信する二次回路の間の距離はたかだか数メートル程度にすぎなかった。また、ヘルツの目的はあくまでもマクスウェル理論の検証であり、そこから何かの実用化をめざそうとしたものではなかった。

しかし、物理学の基礎分野における純正理学的な成果が、それを成し遂げた科学者の手をはなれ、一人歩きを始め、工学的な応用技術に急成長していくという展開は歴史の中で、しばしば、起こり得る。マルコーニとブラウンの研究がまさにそうであった。彼らは電波（周波数の高い電磁波）を利用し、電気信号の到達距離を地球規模まで大幅に延ばすことに成功したのである。これにより、電線を通さずとも情報を遠方まで送ることが可能となったわけである。

マルコーニとブラウンにノーベル賞の授賞の言葉を贈ったヒルデブラント(スウェーデン王立科学アカデミー総裁)は、二〇世紀の到来とともに生まれた、この技術革新の背景をこう述べている(『ノーベル賞講演 物理学2』講談社)。

光の現象と電気との間には密接な関係があると考えたのはファラデーであり、勇敢で飛躍的な概念と考えを数学の式に載せたのはマクスウェルであり、最後に旧式な実験で電気と光の特性についての新しい考えが真実であることを証明したのはヘルツでした。もちろん、ヘルツの時代の前に、電気で荷電されたコンデンサーはある条件の下では振動的に、すなわち、電流が行きつ戻りつして放電するということが知られていました。しかし、ヘルツはこの電流の効果が光の速度で大気中を伝播して行くこと、またそれは光と同じ特異な特性を持つ振動波であることを実証した最初の人でありました。この発見は一八八八年になされていますが、これはおそらくこの半世紀の間に物理学の分野でなされた最大の発見でしょう。これは最近の電気科学の基礎でもあり、また無線電信の基礎ともなりました。

ヒルデブラントの言葉に要約されるとおり、ファラデー、マクスウェル、ヘルツへとつながる電磁気学の系譜が、二〇世紀の通信革命を引き起こしたのである。

こうした基礎科学から応用技術への発展を眺めるとき、その基盤にはエーテルという、いまとなってはすっかり忘れ去られてしまった媒質があったことを、ここでもう一度、思い出してみるのも、物理学の歴史をたどる上で、意義のあることではないだろうか。

# 第4章　ファラデーと科学の劇場

## ノーベル賞とプレゼンテーション技法

科学者に高い研究能力が求められることは言を俟《ま》たないが、加えて高い発信能力も不可欠な要件といえる。いかにすぐれた研究成果をあげても、それが人々に認識、評価され、広く受け入れられなければ意味がないからである（極端な場合、キャヴェンディッシュのように〝沈黙の科学者〟に徹してしまっては——本人はそれでよくても——、せっかくの大発見が無に帰してしまう。幸い、キャヴェンディッシュの例はマクスウェルによって発見されたものの、沈黙が科学の発展に停滞をもたらしたことは免れない）。

そこで、論文や講演におけるプレゼンテーション技法が重要になる。そういう視点で、ノーベル賞を受賞した科学者の研究発表を眺めてみると、その巧みさに気がつくことが多い。まず思い浮かぶのは、ワトソンとクリック（一九六二年ノーベル医学生理学賞）が一九五三年、『ネイチャー』に発表したＤＮＡの二重らせん構造に関する論文の冒頭である。それは次のような書き出しで始まる。

我々はデオキシリボ核酸（ＤＮＡ）の塩の構造を提示したいと思う。この構造は、生物学的に見て、すこぶる興味をそそる斬新な特質をそなえている。

わずか九〇〇語、刷り上がり一頁のこの洗練された論文は出出《でだ》しつけ、関心を喚起する力に溢れている。そこには、今日すっかりお馴染が蔓《つる》のように絡み合うＤＮＡの模式図が掲載されている。冒頭の数行と一読む者の心を惹《ひ》き世紀の大発見の内容が即座に伝わってくるみごとさが感じられる。一本のリボン

一頁の論文といえば、一九三四年、フレデリック・ジョリオとイレーヌ・キュリで、三五年ノーベル化学賞受賞）が『ネイチャー』に報告した、放射性元素の人工的生成に究も然りである。その書き出しにはこうある。

数ヵ月前、我々はいくつかの軽元素がアルファ粒子の照射を受けると、陽電子を放出することを発見した。最近の実験によると、以下のようなきわめて顕著な事実が示された。アルミ箔をポロニウム（放射性元素）に晒《さら》してから、放射線源（ポロニウム）を取り除いても、アルミ

から陽電子の放出はすぐには止まらなかった。アルミは放射能を帯び、陽電子の放出は普通の（天然の）放射性元素の場合と同様、指数関数的に減衰した。

このとき、ポロニウムから出るアルファ線と核反応を起こしたアルミがリンの放射性同位体に変換されたのである。こうして生じたリンは陽電子を放出しながら、さらにケイ素に崩壊していった。ここに初めて、人工的に放射性元素をつくり出すという、とてつもないことが成し遂げられたわけである。

いま例に引いた二つの論文はいずれも、まず初めに、衝撃的な結論が簡潔に明示され、高そして、その内容を前者は「すこぶる興味をそそる斬新な特質」、後者は「きわる惹句《じゃっく》が実」というインパクトの強い言葉で形容している。もちろん、歴史に残る大発さとそこから生まれる自信を伴った上での話ではあろうが、こうした強烈ここに、発信力の極み科学的な価値の凄《すご》さを巧みにアピールしている。

しかし、それにしてもである。たった一頁の論文でノーベル賞を見る思いがする。

では次に、ノーベル賞の受賞講演における、プレゼンテーションの妙を見てみよう。

電磁場と電波によって電子を空間に閉じ込め、その動きを止めて観測する技術（イオン・トラップ法）の開発に成功したアメリカのデーメルトは一九八九年、ノーベル物理学賞を受賞した。その受賞講演「静止した孤立電子の実験」の最後に、デーメルトはイギリスの詩人ウィリアム・ブレイクの「無垢《むく》の予兆」を取り入れ、話を締め括っている。

この詩は、次のような書き出しで始まっている（『対訳ブレイク詩集――イギリス詩人選（四）』松島正一編、岩波文庫）。

一粒の砂にも世界を
一輪の野の花にも天国を見、
君の掌のうちに無限を
一時《ひととき》のうちに永遠を握る。

デーメルトは最初の一行“To see a world in a grain of sand”をもじって、“to see worlds in an electron”と詠《よ》み、ノーベル賞に輝いた研究内容のエッセンスを表現している。詩人は一粒の砂、一輪の花に、物理学者は一個の電子に限りない豊饒《ほうじょう》と永遠を見たのである。

スタンディング・オベーションが目に浮かぶような、余韻を漂わせるみごとな話の閉じ方といえる。

研究の舞台裏で繰り広げられた興味深いエピソードを披露して、聴衆の関心を引きつけたのは、一九七四年ノーベル物理学賞を受けたイギリスのヒューウィッシュの受賞講演である。ヒューウィッシュのグループは一定の周期でパルス状の電波を発する新種の天体パルサーを発見するが、パルスとパルスの時間間隔がまるで時計ではかったように正確であったため、当初、観測グループ内では、それは人工的に送られてくる電波信号ではないかと考えられたという。つまり、太陽系のはるかかなたに、地球外文明が存在する証《あかし》ではないかというわけである。そこで、電波の正体がはっきりするまで、パルサーの発見はしばらく秘密にされたほどであった。

地球外文明の可能性という、ノーベル賞にしてはやや際物的な印象を受ける話題を敢えて持ち出し、当事者たちにしか知り得なかったエピソードを織り込んだヒューウィッシュの講演は人々の好奇心を掻《か》き立てながら、電波天文学の将来性をわかりやすくアピールしている。

地球外文明ならぬ〝ポルターガイスト〟（幽霊）を受賞講演に使ったのは、一九九五年、ニュートリノの検証で物理学賞を贈られたアメリカのライネスである。今日、素粒子物理学の中で脚光を浴びているニュートリノはほとんど物質と相互作用をしないため、一九三〇年代にその存在が予言されていながら、長いこと検出されることはなく、〝幽霊粒子〟と呼ばれていた。一九五六年、原子炉で生じる核反応を使って、〝幽霊〟を現実の粒子として初めて捉えたのが、ライネスとコーワンの二人である（コーワンは一九七四年に亡くなり、ノーベル賞の栄には浴せなかった)。

ライネスは講演に「ニュートリノ：ポルターガイストから粒子へ」という、いかにも人目をひきそうなタイトルをつけ、幽霊の尻尾をつかまえた実験の原理を平易に解説したのである。

このように、ノーベル賞をめぐる科学者たちの論文や講演を見てくると、それだけで、プレゼンテーション技法の書物が一冊編めそうなほど、豊富な事例があることに気がつく。

## ファラデーの〝架空のノーベル賞〟

そう考えると、もしも一九世紀にノーベル賞が設立されていたとしたら、デイヴィーの衣鉢を継いで王立研究所の大講堂を〝科学の劇場〟と化していたファラデーは、どれほど聴衆を魅了する受賞講演を行っていただろうかと想像したくなる。

というのも、一九世紀における〝架空のノーベル賞〟を思い描いてみると、ファラデーが複数回にわたって、その栄に輝いたであろうことは間違いないからである。試みに、ファラデーの受賞リストを勝手に想像してみると、表4-1のようになる。

この他にも、ファラデーの研究が引き金となってそれぞれの分野が発展したことを考えると、「磁力線の概念の着想」(一八三一年)、「静電誘導の発見」(一八三七年)、「真空放電におけるファラデー暗部の発見」(一八三八年)なども、授賞の対象となったかもしれない。

表4-1　ファラデーの架空ノーベル賞

| | 受賞理由 | 実験を行った年 |
|---|---|---|
| 物理学賞 | 気体の液化 | 1823 |
| | 電磁誘導の発見 | 1831 |
| | ファラデー効果の発見 | 1845 |
| | 反磁性の発見 | 1845 |
| 化学賞 | ベンゼンの発見 | 1825 |
| | 電気分解の法則の発見 | 1833 |

ちなみに、実際のノーベル賞の科学部門に関していえば、二回受賞したのはマリー・キュリー（一九〇三年物理学賞、一一年化学賞）、バーディーン（一九五六年、七二年ともに物理学賞）、サンガー（一九五八年、八〇年ともに化学賞）の三人だけである。

こうした史実を引き合いに出しても、架空の話ではあるものの、あらためて、実験家ファラデーの研究能力の卓抜さに驚かされる。

## ファラデーの講演の心構え

そして、すでに述べたとおり、ファラデーは同時に、発信能力にも長け、一般市民を対象に啓蒙活動につとめ、科学のエンターテイナーぶりを発揮したのである。

おそらく、デイヴィーの公開講座を聴講したときの感動が強かったためと思われるが、ファラデーは一八一三年、デイヴィーの助手に雇われたときからすでに、プレゼンテーション技法に関心を示していた。

その年の六月一日、ファラデーは友人アボットに宛てた手紙に次のような思いを綴っている（『ファラデー書簡集』）。

最近、いろいろな講演者のパフォーマンスを目にする機会を得、それぞれのうまいところ、下手なところにあれこれ気がつきました。ブランド氏の講演に参加したときは、聴衆がどのように感動し、また、何を面白がり、何にあまり反応を示さないか目にしました。

**図4-1　W・T・ブランド**
（Morris Berman, "Social Change and Scientific Organization", Heinemann Educational Books）

ここで、ブランドとは王立研究所の化学教授である（図4－1）。

ファラデーのアボットに宛てた手紙には、その後、間を置かずに送られた数通を含め、講演を行う際の心構え、工夫、諸々の注意事項が事細かく列挙されている。原稿を読むのではなく聴衆に向かって語りかけよ、一時間以上話すと聴衆が飽きるといった指摘などは、いまでもそのまま通用するものである。

友人にわざわざ、こうした内容の長い手紙を何通も書いたのは、このときすでに、いつか王立研究所で〝科学の劇場〟の舞台に立つ自分の姿をファラデーは思い描いていたからなのであろう。そこからは、科学の普及にも並々ならぬ熱意を抱いていたファラデーの思いが伝わってくる（それだけに、〝架空のノーベル賞講演〟を聴いてみたくなる）。

## 金曜講演

さて、王立研究所では一八一三年から、午後の時間帯に、研究所のメンバーが科学のさまざまなテーマを選んで、一般向けの講演を行っていた。ファラデーもやがて、ブランドと共に化学の講演を担当するようになる（図4－2）。一八三〇年から四〇年にかけての受講者数の記録が残っているが、それを見ると、ファラデーの話は好評であった様子がうかがえる（表4－2）。

ところで、ファラデーは一八二五年（三四歳）、王立研究所の実験主任に昇格している。ファラデーはこのときすでに、電磁気回転の実験（一八二一年）や塩素の液化（一八二三年）に成功し、主任に就任した年にはベンゼンを発見していたことから、その研究成果は高く評価されるようになっていた。こうした実績に加え、かねてより、科学の啓蒙活動に深い関心をもっていたファラデーはこの年、王立研究所に二つの新しいスタイルの講演を提案している。

| | ブランド | ファラデー |
|---|---|---|
| 1830年 | 145 | — |
| 1831年 | 167 | 164 |
| 1832年 | — | 256 |
| 1833年 | 197 | 247 |
| 1834年 | 200 | 240 |
| 1835年 | 250 | 319 |
| 1836年 | 286 | 374 |
| 1837年 | 201 | 425 |
| 1838年 | — | 495 |
| 1839年 | 274 | 436 |
| 1840年 | 283 | 412 |

**表4-2　ブランドとファラデーの講演の受講者数の推移　1830～40年**（M. Berman、前掲書）

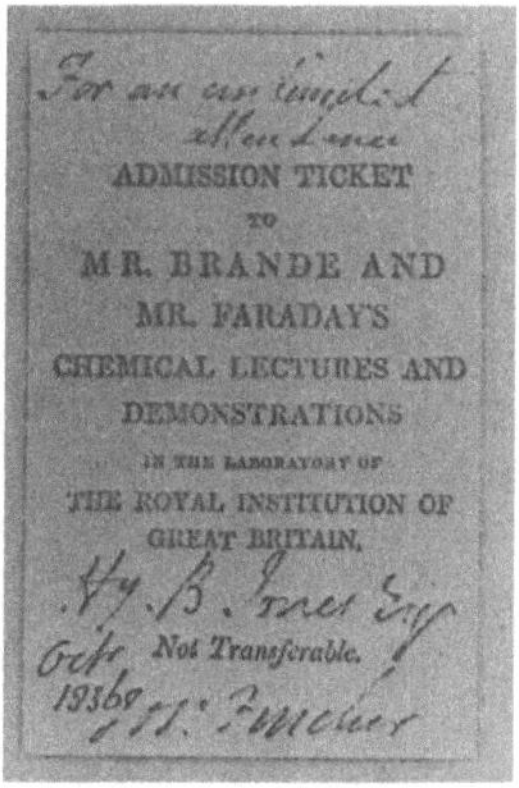


**図4-2　ブランドとファラデーの講演の入場券**
（M. Berman、前掲書）

金曜日の夜に開く講演（Friday Evening Discourses）とクリスマスシーズンに子供たちを対象にして行う連続講義（Christmas Course of Lectures Adapted to a Juvenile Auditory）である。

前者は王立研究所のメンバーや研究所の活動を支援する会員たちが金曜の晩、研究所の図書室（図４－３）で、お茶を飲みながら、談話を楽しむという社交クラブ的な集いが始まりであった。

話が一八世紀に遡るが、一七六〇年代後半、バーミンガムで「月光協会」（The Lunar Society of Birmingham）という、一風変わった名前のサークルが設立された。中心メンバーは開業医のウィリアム・スモールとエラスマス・ダーウィン（有名

図4-3　王立研究所の図書室、1809年（A. D. R. Caroe、前掲書）

図4-4　ガス灯に照らされたロンドンの市街、1807年（M. Berman、前掲書）

な生物学者ダーウィンの祖父)、そして工場経営者のマシュー・ボールトンで、酸素の発見者として知られるプリーストリーもメンバーの一人であった。

サークルの名前は、満月に最も近い月曜日の晩、会員の私邸で会合がもたれたことに由来している(満月に近い晩を選んだのは、帰りの夜道が明るいからであったらしいが、月の光に引き寄せられる変人という自嘲的な意味あいもあったようである)。そこには、毎回、一〇名ほどの同好の士が集まり、自由な雰囲気の中で、科学や技術について、談論風発に興じたのである。

王立研究所の図書室で金曜日の晩、いわば自然発生的に始まった討論会も月光協会のように、学問を楽しむ知的サロンの色彩が濃いものであった。

振り返ってみれば、一六六二年、国王チャールズ二世の勅許を得、ロンドン王立協会が創設されたときの経緯も、また然りである。それは当時の言葉を使えば、実験哲学に関心をもつ人々が情報交換を行い、新しい知識を求める社交の場として誕生したわけである。近代科学は、こうした知のサロンの雰囲気を漂わせる土壌の中で営まれてきたという側面が強かったといえる。

そこで、ファラデーはこうした場を王立研究所にかかわる人たちだけに制限するのではなく、広く開放し、科学を一般市民にも親しみやすいものにしたいと考え、会場を図書室から科学の劇場たる講堂に移して、金曜講演の開催を企画したのである(当時、ロンドンではガス灯が普及していたので、満月の晩でなくとも、参加者は帰路の夜道に困ることはなかった。図４-４)。フ

表4-3　ファラデーのクリスマス講演

| | テーマ |
|---|---|
| 1827年 | 化学 |
| 1829年 | 電気 |
| 1832年 | 化学 |
| 1835年 | 電気 |
| 1837年 | 化学 |
| 1841年 | 化学の基礎 |
| 1843年 | 電気の第一原理 |
| 1845年 | 化学の基礎 |
| 1848年 | ロウソクの科学 |
| 1851年 | 引力 |
| 1852年 | 化学 |
| 1853年 | ヴォルタ電気 |
| 1854年 | 燃焼の化学 |
| 1855年 | 普通の金属の特性 |
| 1856年 | 引力 |
| 1857年 | 静電気 |
| 1858年 | 金属の性質 |
| 1859年 | 物質のさまざまな力とそれら相互の関係 |
| 1860年 | ロウソクの科学 |

（Royal Institutionのホームページより）

ァラデー自らも、生涯で七四回、金曜講演をこなしている。

## クリスマス講演

金曜講演と並んで、ファラデーを科学のエンターテイナーとして、その名を高めたのが、クリスマスシーズンに少年少女のために催された連続講演である。一八二七年から六〇年にかけ、ファラデーは一九回、子供たちを――同席した大人たちも含め――前にして、デモンストレーション実験を演じてみせたのである（表4－3、図4－5）。

中でも有名なのは、日本語にも何度も翻訳されている「ロウソクの科学」（一八六〇年）であろう（なお、原題は“The Chemical History of a Candle”である。その内容から推してタイトル

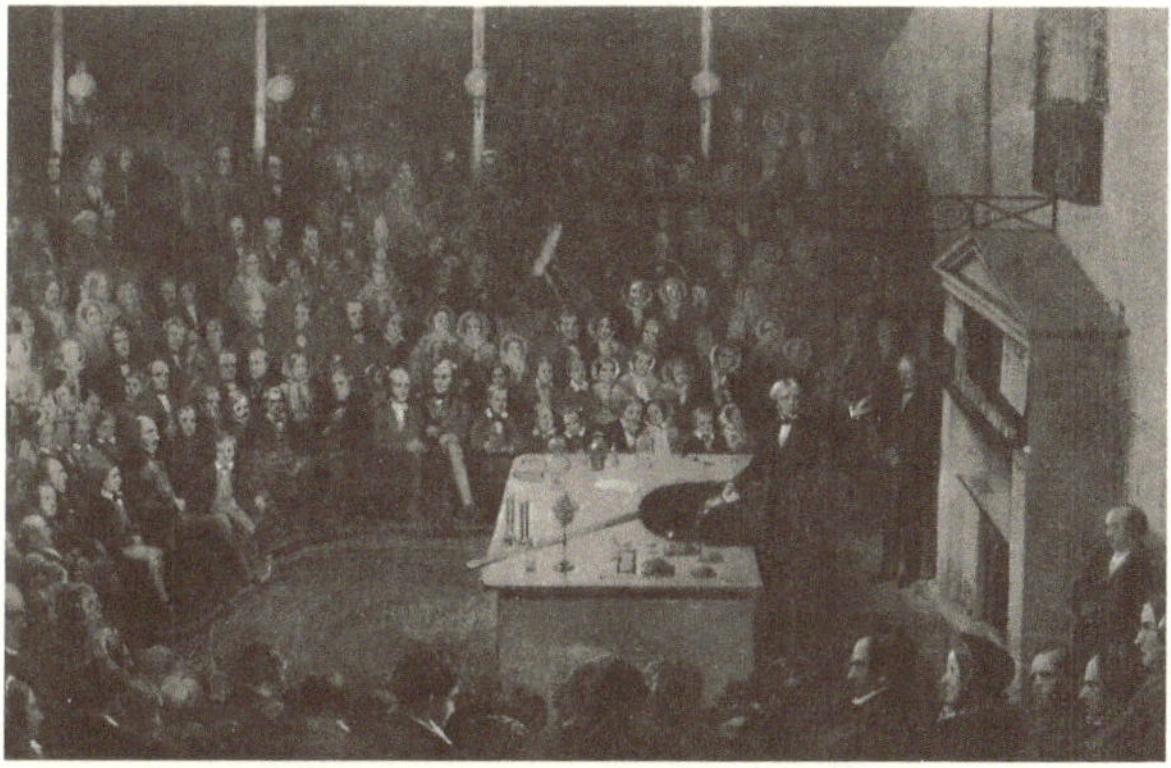

図4-5　王立研究所で「クリスマス講演」(1855年) を行うファラデー（M. Berman、前掲書）

の意味は「化学で語るロウソクの話」といったところであろうか。ロウソクは当時、身近な日用品であったことから、子供たちに化学を語る上で格好の教材となったのであろう）。

それを読むと、演出効果満点の実験がファラデーのやさしい語り口調にのって、次から次へと繰り広げられていることに気がつく。六回にわたる連続講演で行われたデモンストレーションは、じつに八八回にも及んだという（『ファラデー　王立研究所と孤独な科学者』島尾永康著、岩波書店）。おそらく、その準備に割く時間と労力は生半可なものではなかったものと思われる。研究だけでなく、科学教育、啓蒙活動にも熱心であったファラデーの姿勢がうかがえる。

たとえば、液状に溶けたロウソクが毛細管現象によって芯を伝わり、炎の位置まで吸い上げられる様子を説明するのに、ファラデーは次のようなデモンストレーションを行っている。

皿の上に食塩を柱状に盛り上げ、皿の中に青く着色した飽和食塩水を注ぐと、青い液体が食塩の柱をはい上がっていく（飽和溶液にはもうそれ以上、食塩が溶け込むことはないので、塩の柱は崩れないわけである）。皿をロウソク、食塩の柱をロウソクの芯、青い食塩水を熱で溶けた脂肪にみなせば、毛細管現象によって燃焼物質が炎まで達するプロセスを目で見ていることになる。

また、氷と塩をまぜて冷やした容器の下で、ロウソクを燃やすと、容器の底に水滴が付着し始める。子供たちの目には、まるで炎が水をつくり出しているように映る。そこから、ファラデーは水が水素と酸素からできており、二つの元素がロウソクと空気から供給された結果、水滴が生じることを示している。

子供が科学への関心をもつきっかけのひとつに、予想外の出来事を目にしたときの驚きと感動がある。寺田寅彦は「ねえ君、不思議だと思いませんか？」という言葉を残しているが、まさにそれである。

ファラデーが演じた食塩の柱に吸い上げられていく青い一条の液体や、炎がつくる水滴などは、子供たちをびっくりさせ、好奇心を掻き立てる好例であろう。

以上は一例にすぎないが、こうした工夫を凝らした数々の実験を通し、子供たちはまるで魔法を見るように、科学の面白さに引き込まれていった。〝科学の劇場〟におけるファラデーの熱演ぶりが目に浮かぶようである。

なお、ファラデーが始めた王立研究所のクリスマス講演は第二次大戦による中断を除いて、今日まで脈々とつづけられており、現在はBBCを通してTV放送されている。一九九〇年、M・ロンゲアが行ったクリスマス講演は日本語に翻訳されているが、その解説（佐藤勝彦）に次のような記述がある（『宇宙の起源 最新データが語る宇宙の誕生』河出書房新社）。

英国、そして欧米の学者がクリスマス・レクチャーを喜んで、あるいは争って引き受けるのは、その講師になることで、大きな賞《プライズ》を受賞したのと同じ扱いを受けるからである。しかしいかに高名な、学者として高い業績を誇る科学者でも、それだけでクリスマス・レクチャーの講師になることはできない。学者としての評価と、分かりやすく科学の成果を解説する能力は必ずしも一致しない。多くの場合、相反するようにさえ見えるのである。二五年前から、クリスマス・レクチャーはBBCで放送されるようになったが、まず講師の候補となった学者はBBCのオーディションを受けなければならないそうである。

クリスマス講演が講師にも視聴者にも、これほどの人気を博しているのは、表現技法に工夫を

図4-6　ファラデーの助手アンダーソン（M. Berman、前掲書）

惜しまず、科学を芸術性の高いエンターテインメントに高めたファラデーの功績があればこそである。BBCのオーディションを受ける学者には、ファラデーが友人アボットに宛てた手紙に書いた講演者の心構えが参考になりそうな気がする。

## ファラデーの助手アンダーソン

ところで、「ロウソクの科学」には、子供たちの前でファラデーが実験を演じているとき、その手伝いをするアンダーソンという助手がたびたび登場する（図4－6）。

一八二八年七月二八日、ファラデーは天文学者ジョン・ハーシェルに宛てた手紙に、アンダーソンを雇った経緯を書いている。『ファラデー書簡集』の「注」によると、アンダーソン（Charles Anderson）は長年、軍隊で下士官（Sergeant と記されている）をつとめた経歴をもつ人物で、当時、光学ガラスの改良に忙殺されていたファラデーのもとで実験の準備や補助などの下働きをすることになったのである。

したがって、デイヴィーの助手になったファラデーのように科学の研究を行うのではなく、アンダーソンはあくまでもファラデーの指示に従って動く手足のような存在であった。いわば、そういう裏方の存在ではあったが、それだけに——軍隊生活を通して身についた習性であろうか——ファラデーの指図どおりに仕事をする忠実で寡黙な助手であったという。光学ガラスの仕事が一段落した後もアンダーソンは王立研究所に留まり、亡くなる一八六六年まで、ファラデーに仕えたのである。

一八六六年一月一二日、友人のサウス（天文学者）がファラデーに送った手紙には、アンダーソンの死を悼む次のような言葉が綴られている（『ファラデー書簡集』）。「あなたの信頼できる、有能な助手チャールズ・アンダーソン氏が神に召されたという知らせを受け、深い悲しみを禁じ得ません。さぞやお心を痛めておいでのことと存じます。三八年間の長きにわたり、王立研究所であなたにぴったり寄り添うように奉仕をつづけたアンダーソン氏は、あなたにとって掛け替えのない存在だったことと思います」。

第2章で述べたように、ファラデーは一人で研究を行い、一人で論文を発表する孤高の科学者であった。住居も王立研究所の中にあったという環境も手伝い、ファラデーは一人、研究所に籠

**図4-7　研究室で一人、実験をするファラデー**（M. Berman、前掲書）

り実験に耽ることが多かった（図４－７）。それでも、研究者として名声が高まるにつれ、光学ガラスの仕事をするようになったころからは、さすがに実験の下準備や器具の保守、管理まですべてを一人でこなすことは不可能になったのであろう。

　そうした猫の手も借りたい状況に陥ったとき、タイミングよく、軍務を引退したアンダーソンという、裏方の仕事をまかせられる人物に出会ったのである。

　さきほど触れたように、ファラデーはクリスマス講演で子供たちの興味を喚起するため、たくさんの多様な実験を次々と繰り広げているが、これもアンダーソンの協力と働きがなければ、ファラデー一人ではとうていやり切れるものではなかったと思う。〝科学の劇場〟には、アンダーソンという、すばらしい〝黒衣《くろこ》〟がいたのである。

## 『ロウソクの科学』を編んだクルックス

アンダーソンと並んでもう一人、ファラデーのクリスマス講演に裏方として貢献した人物がいる。物理学と化学の分野に事績を残したクルックスである（図4－8）。

ファラデーの一九シリーズに及ぶクリスマス講演のうち出版されたのは、一八六〇年の「ロウソクの科学」とその前年に行われた「力と物質」の二編になる。そして、これら二つの講演を編集し、本にまとめたのがクルックスである。

図4-8　クルックス、1856年（24歳）（"The Life of Sir William Crookes", E. E. F. D'Albe, Cambridge University Press）

一八五九年の「力と物質」の出版が好評であったことから、クルックスは一八六〇年に行われる予定のファラデーのクリスマス講演も刊行したいと考え、その年の一一月一五日、ファラデーに宛て次のように書き送っている（E. E. F. D'Albe、前掲書）。

昨年のクリスマス、ご親切にもあ

なたの連続講演を聴講させていただき、またそれを『ケミカル・ニュース』に報告させていただく栄に浴し、有り難うございました。あのようなやり方で、あなたのお話を活字に置き換えた私の責任が果たせたとお考えのようでしたら、もうじき行われます「ロウソクの科学」の講演も同じように、活字にすることをお許しいただけないでしょうか（『ケミカル・ニュース』（Chemical News）はクルックスが編集を担当していた雑誌）。

これに対しファラデーはすぐに承諾する旨の返事をクルックスに送っている。その中でファラデーは、「講演はもうやめるつもりでおりましたが、諸般の事情で、今シーズンもう一回、引き受けることにしました。というのも、子供たちに語り掛けることは本当に楽しかったからです」。実際、この年の講演が最後となったわけであるが（ファラデーは六九歳になっていた）、手紙からも子供たちの科学教育に熱心だったファラデーの思いが伝わってくる。

ビデオもテープレコーダーもなかった時代のことを考えると、こうして、ファラデーに働きかけ、名講演の内容を詳しく記録に残したクルックスの功績は大きいといえる。

## 心霊主義を否定したファラデー

〝架空のノーベル賞〟が物語るように、ファラデーは物理学と化学の多彩な分野に業績を残したわけであるが、その中にひとつ、かなり毛色の変わった研究が含まれている。それが「心霊主義」(Spiritualism)を否定した論文である。ファラデーほどの科学者がよりにもよって、こうした怪しげな問題に取り組み、それを批判する苦言を呈したのは、もちろん訳がある。

イギリスでは一九世紀の半ばごろから、心霊主義が流行の兆しをみせ始めていた。霊能力をもつと称する人間(霊媒)が数多く現れ、各地で霊媒による超常現象を体験する交霊会なる集まりが盛んに行われていたのである。現代でも基本的に似た傾向が時として見られるが、科学が進歩すると、その反動としてか、科学では説明のつかない神秘的な世界の存在を信じる人たちが現れるのであろう。

当時、霊媒が演出する手品まがいの現象のひとつに、「テーブル・ターニング」と呼ばれるものがあった。数名の人間がテーブルを囲んで座り、その上に手をのせると、霊媒が呼び出した霊の仕業により、テーブルが動き出すという怪奇現象である。つまり、テーブルが自然に動き出すことを目にすることにより、人々に霊の存在を信じ込ませようという魂胆である。

このまやかしについて、生理学者のウィリアム・カーペンターは一八五二年三月、王立研究所で「意思とは独立に筋肉の動きを生じさせる暗示の影響について」(On the Influence of Suggestion in Modifying and directing Muscular Movement, independently of Volition)と題する講演を行っている。この中でカーペンターは、ある特定の現象(いまの例ではテーブル・ターニング）が起きることへの期待が極度に高まり、そこに意識が集中すると、そうなる方向に筋肉が意思とは関係なく、自発的に動くのだと述べた。

このように、カーペンターは心霊現象を生理学の視点で否定したわけであるが、さらに物理学の立場で、いんちきのベールをはがそうとしたのがファラデーである。

ファラデーは一八五三年、『タイムズ』（六月三〇日）に「テーブル・ターニングについて」という一文を寄稿、さらにその内容を詳述した「テーブルの運動の実験研究」を『アセニーアム』（七月二日）に発表している（いずれも、"Experimental Researches in Chemistry and Physics", Michael Faraday, Richard Taylor and William Francis に収録）。ファラデーは「てこの原理」を利用して力の作用を表示できる装置を組み立て、それをテーブルの上に設置したのである。このとき、参加者の手が無意識のうちに筋肉運動を起こすと、その力が装置に検出される。それがテーブルを動かす原因であり、霊による未知の力が働いているわけではないと、ファラデーは心霊主義者を斬って捨てた。

**図4-9　ティンダル**（"Apples to Atoms"）

ックスは化学的性質は同じながら、原子量の異なる原子のグループが存在することを発見し、それをメタ元素と呼んだ。これはのちに（一九一三年）、イギリスのソディが「同位体」と名づける概念を先取りしたものである。

また、ラジオメーター（気体分子の運動をガラス容器内の羽根車の回転で示す装置）やスピンサリスコープ（放射線が蛍光物質に当たったとき発生する光を観察する装置）も、クルックスの発明によるものである。

ファラデーとかかわりの深い分野でも、クルックスは業績を残している。真空放電がそれである。これは気体の圧力を下げたガラス管（放電管）に電極を封入し、そこに電圧をかけると、放電が起きる現象である（雷のミニチュア版を想像すればよいかもしれない）。

このとき、放電によってガラス管内の気体が発光し始めるが、陰極付近には暗い領域が生じることを、一八三八年、ファラデーが発見している。

発光が起きるのは、陰極から放出された電子が気体分子に衝突し、分子を高いエネルギー状態に励起するからである。つまり、電子の運動エネルギーが衝突を通して分子に受け渡され、最終的に光に変換されるわけである。ところが、陰極付近ではまだ、電子が十分高いエネルギーに加速されていないため、分子を励起できず、発光は生じないことになる（ただし、こうしたメカニズムが明らかにされるのは後の話になるが）。この発光しない暗い領域を「ファラデー暗部」という。

では、そもそも、どうして放電管の実験が注目されるようになったのかというと、それは次のような理由からである。

断るまでもないが、普通、電流は導線の中を流れている。つまり、それは導線の中に隠れており、直接、見ることはできない。ところが、真空放電を起こさせれば、電気を裸にして外へ（真空に近いガラス管内に）取り出し、その性質、正体を詳しく調べられるというわけである。

一九世紀後半に入ると、真空ポンプの性能向上にともない真空度の高い放電管が製作されるようになり、この分野の研究はますます盛んになっていった。そうした中、一八七九年、クルックスは放電管の真空度を0・1トル（Torr）以下にもってくると、ファラデー暗部よりも陰極寄りに、もうひとつ暗い領域（クルックス暗部）が現れることを発見している。

放電管の実験からその後、レントゲンによるX線の発見（一八九五年）やJ・J・トムソンによる電子の発見（一八九七年）がなされることを考えると、ファラデーのパイオニア的研究とさらにそれを進めたクルックスの研究は、そこに至るまでの重要な道標となっていることがわかる。事実、J・J・トムソンは一九〇六年、ノーベル物理学賞の受賞講演の冒頭で、クルックスの実験について言及している。

というわけで、クルックスはファラデーのクリスマス講演の編者として知られるだけでなく、自身も一九世紀後半の科学史に名前を刻んだ科学者であった。

ところが、それほど偉大な科学者でありながら、クルックスは心霊主義に取り憑かれていったのである。

## 心霊主義と科学者

図4-11　ウォーレスの肖像画、R・レミントン画、1998年（"Alfred Russel Wallace : A life", Peter Raby, Princeton University Press）

クルックスの前にもう一人、心霊主義を信じ込んだ著名な科学者の例を紹介しておこう。一八五八年、ダーウィンと独立に自然選択説を唱えたことで知られるウォーレスがその人である（図4-11）。

ウォーレスは長期にわたって生物調査を行っていたマレー諸島から一八六二年に帰国すると、交霊会に頻繁に参加するようになり、空中浮遊やポルターガイスト現象などを事実として受け入れるようになった。ウォーレスは、人類は自然選択に従って進化を遂げたが、そうした説だけでは説明のつかない未知の精神世界が存在するとして、強固な心霊主義の論陣を張ったのである。

物理学者のケルヴィンはウォーレスのように心霊主義の立場を取る一部の科学者を、「詐欺の犠牲者となった無邪気で人を疑うことを知らない心の持ち主」と嘆いたという(『ダーウィンに消された男』A・C・ブラックマン、朝日新聞社)。

また、ファラデーの後継者ティンダルは一八六四年一二月一〇日に行った講演「科学と心霊」で、次のように心霊主義を厳しく批判している。

科学が経験を通し、一様不変な事柄の重要性をアピールすると、心霊主義者たちはこう言い返す。「一様不変な事柄がこれからもずっと一様不変のままつづくことを、いったいどうやって知るのか? あなたは太陽が六〇〇〇年間、いつも昇ってきたというが、明日も必ずそうなるという保証はない。一二時間以内に全能の神により、太陽が吹き消されてしまうかもしれないではないか」とまあ、こんな具合である。こういう論理をもち出すようになると、あらゆる科学的根拠を無視して、〝ジャックと豆の木〟の物語が正しいと言い張る人間まで現れかねない。いま、我々がもっている宇宙のあらゆる知識をもたらしたのは科学であると力説しても心霊主義者は受け入れようとしないが、かといって、彼らがこの知識に付け加えたものなど何もないのである。彼らは理性が及ぶ範囲を超えたところにいるといわざるを得ない（'Science and Spirits', "Fragments of Science for Unscientific People: A Series of Detached Essays, Lectures, and Reviews", D. Appleton and Co.)。

ティンダルは舌鋒鋭い論調で有名であるが、「科学と心霊」ではその真骨頂がよく現れている。ファラデーはテーブル・ターニングのいんちきを見抜く実験を通し、また、ケルヴィンやティンダルは手厳しい議論を通して、心霊主義のまやかしにはまらぬよう警鐘を鳴らしたわけであるが、霊能者と称する男を告発するという〝実力行使〟に出たのが、さきほど名前をあげたランケスターである。

ランケスターは原生動物から哺乳類、化石から現存する生物まで幅広い領域を研究し、オックスフォード大学教授、大英自然史博物館館長をつとめたイギリス生物学界の大御所である。図4-12は雑誌『ヴァニティ・フェア』（一九〇五年一月一二日号）に載ったランケスターの漫画（レスリー・ウォード画）である。サイチョウとカブトガニの標本を前に、太鼓腹を突き出した姿はなんともユーモラスであるが、こうしたキャラクターとは反対にランケスターは一八七六年――まだ二九歳という若さであっただけに、血気盛んだったのであろう――、石版に霊が伝える

図4-12　ランケスター（"Apples to Atoms"）

メッセージを書き写すという霊能力者と裁判所で対決している。

　判決は心霊術の行為をもって即、有罪を科すことはできないという結論になったが、ランケスターは法廷で詐欺師のトリックを暴くべく熱弁を振るったのである。

　クルックスが心霊主義の信者と化していたのも、ちょうどこのころである。

## ファラデーの対極に立ったクルックス

　一八七〇年代のロンドンでは、フローレンス・クックという若い女性の霊媒の存在が話題になっていた。彼女が呼び出す霊は女性の姿をしており（ケイティ・キングと呼ばれていた）、交霊会の参加者を相手におしゃべりをするというのである。

　これだけでも眉唾ものであるが、クルックスはケイティと腕を組むことを許され、彼女が現実に物質化された実在であることを確認したと語っている。また、クックが霊を呼び出す際に隠れるカーテンの後ろをのぞくと、彼女がトランス状態（霊能者が心霊現象を引き起こしているときに陥る催眠状態）で倒れている姿を目撃したという。

そこで、カーテンの後ろでクックが何かトリックを施していないかを検証するため、クルックスはクックの体に導線をつないで電気回路をつくり、そこに検流計を取りつけてみた。検流計はカーテンの外に置かれ、目盛りが読み取れるように設定された。もしクックが導線を体からはずし、カーテンの向こうで何かトリック操作をすれば、検流計に変化が現れるはずというわけである。しかし、ケイティが登場しても、検流計の針は一定の目盛りを指しており、そこから、クルックスはクックが示す霊の物質化現象を確信したという（E. E. F. D'Albe、前掲書）。

クルックスが心霊現象を電気実験で調べようとした姿勢は一見、ファラデーがテーブル・ターニングの錯覚を力学実験で証明したことに通じるようにも映るが、実はそうではなかった。ファラデーは初めから批判的な目で実験に臨んだのに対し、クルックスは超常現象を受け入れた上で、それを支持する根拠として、検証にはほど遠い、ずさんな実験を施しただけであった。要するに科学の体裁を取り繕って、クックの活動を擁護したわけである。

近代科学の黎明期にはまだ、錬金術、占星術、魔術など、今日では理性の対極に位置するとみなされる神秘的な営みと科学は、渾然一体の状態にあった。ケプラーは占星術で名を馳せ、近代生理学の創設者といわれるハーヴィは魔女裁判の被疑者の身体検査に携わっていた。また、デカルトは宇宙の創造者である神の存在を前提にして『哲学原理』を著し、ニュートンは密かに錬金術に耽っていた。ただし、これらはいずれも、一七世紀の話である。

時代はそれから二〇〇年が過ぎ、科学がそうした精神風土をとっくに脱却したと思われた一九世紀後半に入っていた。それでも、心霊術に向かい合うとき、ウォーレスからもクルックスからも科学者としての側面は抜け落ちてしまっていた。

さきほど引用した講演「科学と心霊」の中で、ティンダルはこう語っている。「詐欺師の仮面をはぎ、悪魔を追い出しても無駄である。彼らは姿を変え、自分が収まるべき隙間を見つけて、戻ってくる」。

ファラデーは力学実験によって詐欺師の仮面をはごうとした。そのファラデーの名講演に心酔し、『ロウソクの科学』を編集したクルックスであったが、やがて、彼の心に隙間を見つけた悪魔はそこにもぐり込んだのである。不可思議という他はない。

## 漱石とロンドンの霧

ところで、本書は一九〇一年、漱石がロンドンで化学者の池田菊苗と邂逅《かいこう》し、王立研究所に同道したところから筆を起こした（第1章「漱石とロンドンの王立研究所」参照）。それから一年後の九月、漱石の学生時代からの親友で俳人の正岡子規が三五歳の若さで亡くなった。

このとき、訃報を受けた漱石は「霧黄《き》なる市《まち》に動くや影法師」という追悼の句を詠んでいる。ロンドンは霧の街として知られている。濃い霧に包まれると、行き交う人の姿も影法師のようになって見えるという、どこか暗く寂しい幻想的な情景が浮かんでくる句である。そこはまた、実体と影とが共存する世界でもあった。この句が遠い異国の地で子規の死を知ったときに詠まれた背景を考えると、漱石は垂れこめる霧の中を動く影法師に、黄泉《よみ》の国へ旅立った親友の姿を見ていたのかもしれない。

そう考えると、霧のロンドンは科学と神秘が奇妙な形で重なり合う舞台になりやすかったような気がしてくる。

## ファラデーの後継者ティンダル

さて、いままで、ファラデーの研究業績と科学の啓蒙活動——実験による心霊主義の否定もその一環といえる——についてはみてきたわけであるが、ここで、彼の人間性にも、しばらく目を向けてみようと思う。というのも、ファラデーはその高潔な人柄がよく知られているからである。この点について語らせるのにもっともふさわしい人物は、なんといってもティンダルであろう（図4－9参照）。

ティンダルは一八二〇年、アイルランドに生まれた物理学者で、一八五三年に行った金曜講演が好評を博したことがきっかけで、王立研究所の教授に就任している。彼の業績でもっとも有名なのは、透明媒質中の微粒子による光の散乱（ティンダル現象）であろう。他にも、結晶の磁性や音響学、アルプスの氷河などの研究でも知られている。

ファラデーとの交流は王立研究所教授就任を機に深まり、以降、ファラデーが一八六七年に亡くなるまで、ティンダルは常に敬愛する師のそばに寄り添っていた。また、ファラデーの後継者として一八六一年から一八八四年にかけ、〝科学の劇場〟で一二回にわたり、クリスマス講演を行っている。

ファラデーが亡くなった翌一八六八年、ティンダルは『発見者としてのファラデー』（"Faraday as a Discoverer", Longmans, Green）と題する本を書いている。図4－13は同書に掲載されている、署名入りのファラデーの写真である。そこには、「数年前、私はファラデー氏に同行して小さな写真館へ行き、互いの肖像写真を交換した」との添え書きがある。二人の親交の深さが読み取れる一文である。

『発見者としてのファラデー』は書名どおり、ファラデーの研究内容がほぼ年代順に綴られている。ティンダルの解説は平易で要点が整理されており、それはそれで大変わかりやすい内容に仕上がっているが、なんといっても興味を引かれるのは、ファラデーの人間性を活写した最後の章（Illustrations of Character）である。そこには、伝記の資料や他人の証言にもとづく記述ではなく、身近で仕えた人間にしか知り得ない、ファラデーの飾り気のない生の姿を読み取ることができるからである。

その中から、ファラデーらしさを表すエピソードを紹介して、本章を閉じることにしよう。

**図4-13　ファラデーの肖像写真、下は彼のサイン**（"Faraday as a Discoverer" より）

## 清貧の思想の持ち主

まず、ファラデーは生涯を通し、清貧の思想の持ち主であったことがわかる。

一八三〇年と一八三一年、ファラデーは民間企業から委託される化学分析の謝礼として、約一〇〇〇ポンドの収入を得ていた。王立研究所と、化学の講義を担当していた陸軍士官学校からの固定給が年額四〇〇ポンド程度であったというから、本業よりもアルバイトの収入の方が多かったことになる。

科学者としての名声が高まるにつれ、委託仕事の件数は増え、その気になりさえすれば、年に五〇〇〇ポンドもの副収入を得ることも可能な状況になってきた。

しかし、ファラデーは金に目が眩《くら》むことはなかった。金儲けに走って、本来の研究時間を犠牲にしたくはないと考えたからである。ティンダルの表現を借りれば、蓄財よりも学問を選択したことになる。

その結果、一八三二年からファラデーの副収入は一五〇ポンド余りに減少、一八三七年には一〇〇〇ポンドを割り、一八三八年以降はほぼゼロになってしまった。一度だけ、政府から依頼された仕事で一〇〇ポンド余りを受け取っただけであった。

ティンダルは、ファラデーのこうした生き方を次のように書いている。


鍛冶屋《かじ》の息子で製本屋の徒弟であった人物が生涯に一五万ポンドの財を築くか、それとも、富とは無縁の科学を選ぶかを迫られたわけである。このとき、ファラデーは後者を選び、貧しいまま死んでいった。しかし、そのおかげで、彼は四〇年にわたって、イギリス科学の名を諸国に向け、高からしめたのである。

もうひとつ、金銭にまつわる出来事として、ティンダルはファラデーの年金騒動をあげている。

一八三五年、国家がファラデーに年金を支給する運びになったとき、彼は生計を立てるくらいの収入は自分でかせぐことができるとして、受給を辞退する意向を示していた。加えて、この件に関し、時の首相メルボーンとのやりとりの中で行き違いが生じたことから、ファラデーの固辞の姿勢はいっそう強くなった。

そこで、ファラデーとメルボーンの双方をよく知る、あるすばらしい婦人――とだけティンダルは書いて、彼女の名前はあげていない――が、二人の間を取り持ち、結局、ファラデーは折れて年金を受けることになったという経緯があった。

科学研究とは純粋に知的好奇心にもとづく個人的な営みであり、金銭的な報酬に直結するものではないと考えていたファラデーにとって、科学上の業績が年金支給の理由となることには抵抗があったのであろう。

さきほど、〝架空のノーベル賞〟の話を書いたが、こうしたファラデーの気質と人生観を考えると、あるいはノーベル賞の栄誉ですら辞退することになったかもしれない。なんとなく、そんな予感を抱かせるのが、次に紹介する王立協会会長の地位をめぐる出来事である。

## “ただのマイケル・ファラデー”

ファラデーは地位や名誉、肩書に対しても常に、恬淡《てんたん》とした態度をとりつづけたことが知られている。それを象徴するのが、一八五八年（ファラデー六七歳）のときに起きた、王立協会会長の就任要請を辞退した出来事であろう。この一件をティンダルは『発見者としてのファラデー』の中で、次のように書き留めている。

ファラデーはこの時代における、物理学の第一人者と多くの人たちからみなされていた。しかし、彼はイギリス科学界最高の地位といえる王立協会会長の職をまだつとめていなかった。そうした折、一八五八年、会長のロッテスリーがその職を辞任することになったため、後任としてファラデーの名前をあげる声が会員の中から多くあがったのである。

そこで、ロッテスリー、評議員のグローブとガシオが会員の総意を伝えるためファラデーのもとを訪れ、会長就任を受諾するよう強く訴えた。ところが、ファラデーは翌日、人が羨むような申し出を辞退する旨、王立協会に返事をしたのである。

ティンダルもファラデーに向かって直接、「あなたにはこの要請を引き受けなければならない義務があると思います」と迫ったが、ファラデーの考えを覆すことはできなかった。そして、このとき、ファラデーはティンダルにこう語ったのである。

「私は最後まで、ただのマイケル・ファラデーでいたい」。原文では"I must remain plain Michael Faraday to the last"となっている。ここで、"plain"（飾らない、平凡な）という言葉が、彼の信念、人生哲学を物語っている。

思い返せば、まだ製本屋の職人だったとき、科学に携わりたいという思いが募ったファラデーがそうした気持ちを綴った手紙を無謀にも、自ら届けた相手は、当時の王立協会会長バンクスであった（第1章「ファラデーの転職活動」参照）。また、電磁気回転の実験（一八二一年）に際し、ファラデーとかかわりが生じたのも、バンクスの後、会長をつとめたウォラストンであった（第3章「ファラデーが受けた〝洗礼〟」参照）。そして、ウォラストンの後任会長がデイヴィーであり、ファラデー没後のことになるが、『ロウソクの科学』の編者をつとめたクルックスも一九一三年から二年間、イギリス科学界最高の地位についている。

このようにたどってみると、ファラデーは歴代の王立協会会長とさまざまな形で縁があったわけであるが、彼自身はその栄えある地位につこうとはしなかった。また、ファラデーはナイトの叙爵も辞退している。

こうして見てくると、さきほど引用した〝ただのマイケル・ファラデー〟（plain Michael Faraday）という一語が、富や肩書といった、ややもすると栄達を遂げた人間が執着しがちな世俗の欲から距離を置いた彼の高潔な人柄と清貧の思想を端的にかつ凝縮して表していることがよくわかる。それはまた、科学上の業績だけで、自分に対する評価は百代の後まで伝えられるという自負があった証《あかし》かもしれない。

王立協会会長就任辞退の一件があった一八五八年、ファラデーはヴィクトリア女王からハンプトン・コート（ロンドン郊外）にある王室所有の屋敷を提供されることになった。半世紀近く、住まいを兼ねてすごしてきた王立研究所から居を移すことになったのである。この年の一〇月二日、ファラデーはジュネーブにいる友人のA・デ・ラ・リヴェに宛て、「私ども夫婦はいま、女王陛下から賜りましたハンプトン・コートの屋敷におります。私の人生に残されたこれからの何年かが快適なものになると思います」と書いている。

ナイトの叙爵や王立協会会長を辞退したにもかかわらず、ヴィクトリア女王が一人の老科学者にここまであたたかな配慮をしたという事実は、科学に尽くした偉大さだけでなく、ファラデーの生き方そのものに心惹《ひ》かれるところがあったからなのであろう。

それから九年が経った一八六七年八月二五日、ファラデーは女王から下賜された屋敷で亡くなった。体力は衰えていたものの、ほんの数時間前まで、人と語らい、急変する様子はなかったという。姪が書斎をのぞいたとき、椅子に座ったまま、まるで眠っているとしか見えないファラデーの姿を発見した。七六年の生涯であった。妻のサラが夫の後を追うのは、一二年後の一八七九年になる。

ロンドンのハイゲイト墓地にある夫妻の墓石には、二人の名前と生没年月日以外は何も刻まれていない。偉大な科学者は〝ただのマイケル・ファラデー〟として眠っているのである。

# 第5章　マクスウェルと物理学の悪魔

## お伽話と物理学

お伽話《とぎばなし》と同様、物理学の世界にも〝悪魔〟が登場する。有名なのは、「ラプラスの悪魔」と「マクスウェルの悪魔」である。

といっても、こちらの悪魔たちはお伽話のように人間をそそのかしたり、たぶらかしたりするなどの悪さをするわけではない。そうではなく、彼らは物理学の理論に対し、根源的な問い掛けやパラドックスを突きつけ、人間の思考に混乱をもたらす、〝超知性〟とでも称すべき仮想上の存在なのである。

そこで、本章では、悪魔たちが物理学の世界で引き起こした混乱から話を始めようと思う。最初に登場願うのは、ラプラスの悪魔である。

## ラプラスとマクスウェル

この悪魔は、古典力学華やかなりし一九世紀初めに誕生した。その背景には次のような歴史がある。

一六八七年、ニュートンが『プリンキピア』（自然哲学の数学的原理）を著してから一世紀の間に、解析学（微積分学）のめざましい発展と相俟《あいま》って、古典力学（ニュートン力学）はひとつの理論体系として、完成の域に達していた。その結果、当時の人々は、古典力学が具現する抜群の演繹《えんえき》能力の高さに魅せられていたのである。一定の条件はあるものの、力学は、必要な初期条件と働く力さえ与えられれば（つまり、原因が特定されれば）、限られた法則と基本方程式を使うだけで、あらゆる物体の運動を――リンゴの落下から天体の運動までを統一して――たちどころに解いてみせたからである。

図５-１　ラプラス

中でも古典力学の威力を知らしめる好例となったのは、一八世紀の末、ラプラス（図５－１）により、太陽系の安定性が証明されたことであろう。

当時、過去の観測記録と照らし合わせてみると、木星と土星の軌道の大きさが徐々に変化していることが指摘されていた。つまり、両惑星は力学の計算が示すようにケプラーの法則に従って、一定の楕円軌道をいつまでも回りつづけるわけではないかもしれないという危惧が抱かれるようになってきたのである。したがって、事態がこのまま進行すると、やがて木星と土星は軌道を大きく乱し、太陽系は崩壊してしまうことになる。

そうはならず、太陽系が未来永劫にわたって安定して存在しつづけるためには、機に応じて乱れかけた状態を修復してくれる〝神の手〟が必要になる。力学だけでは事足りず、神にお出ましを願う他はなかったのである。

物理学がこのような状態に陥っていたとき、ラプラスは摂動論という解析学の計算法を用いて、この難問をみごとに解決してみせた。摂動論とは惑星の運動を決定する際に、太陽からの強い重力に加え、他の惑星からの微弱な影響も補正項として近似的に取り入れ、計算を逐次繰り返して、最終的に精確な解を求める手法である（第2章「土星の環と原子論」参照）。

その結果をラプラスは、一七九九年に刊行が始まった『天体力学』（全五巻が完結するのは一八二五年）の中にまとめている。それによると、木星と土星の軌道はそれぞれ、平均の大きさのまわりを周期的に振動していることが明らかにされた。つまり、軌道の変化がひたすら進行し、太陽系がバラバラになってしまうと考えるのは杞憂《きゆう》であることが、力学によって証明されたのである。ここにおいて、神の手を煩わす必要はなくなったわけである。

このとき、ラプラスの自信は大変なものであったろうと思う。なにしろ、力学は宇宙の中で果たしてきた神の役割を奪ってしまったのであるから。

それを物語る有名な逸話が残されている。ラプラスから『天体力学』を献じられたナポレオンが「貴下の書物には神のことが書かれていないが？」とたずねると、ラプラスは「私には、そのような仮説は必要なかったのです」と答えたと伝えられている。ラプラスのいう仮説とは、太陽系の安定性が力学だけでは説明がつかなかったとき、その崩壊を防ぐため、人智を超えた何らかの作用が働いているとした仮説、つまり、神の存在を前提として宇宙の有様を論じていたことを指している。

このいささか芝居がかった場面を思い描かせる逸話は、古代、中世から近代に至るまで、宇宙の創造主、支配者として人間の自然認識の基盤にあった神を、その座から引きずりおろし、力学だけで天上界の運動を完璧に記述してみせたラプラスの高揚感のほどをよく表している。

一九世紀の初め、他の諸科学は言うに及ばず、物理学においてすら、高度に数理化され、広い汎用性を備えた領域は力学だけであり、ラプラスの『天体力学』はその象徴といえた。

第１章で述べたように、微積分法をはじめとする高等数学を修得する機会に恵まれなかったファラデーが力学に手を染めず（染められず）、近代科学として、まだ黎明期にあった電磁気学や化学の研究を選んだのも、そうした背景からであった。時代はいかに天才といえども、数学を知らずして、力学の分野に何かを付け加えることは、もはや不可能な段階に達していたわけである。

対照的に、ケンブリッジを卒業するときスミス賞を贈られたほど数学の才に秀でていたマクスウェルは一八五六年、土星の環が力学的に安定となる構造を計算で求め、それが細かい物質塊の集合であることを示している（第2章「アダムズ賞の受賞」参照）。このとき、論文をまとめるに当たって、マクスウェルはラプラスの『天体力学』の成果を使い、力学の適用範囲をまたひとつ広げたのである。

このように、扱える対象の多様さと計算結果がもつ普遍性、厳密性などの高さにおいて、力学は一頭地を抜く存在に発展していた。

ナポレオンに向かって「神はもはやいらない」と胸を張ったラプラスの力学に対する自信は、こうして、マクスウェルの土星の環の研究へとつながっていった。また、この研究により、マクスウェルが受賞したアダムズ賞に名前を刻んだ天文学者アダムズが未知の第八惑星（海王星）の存在を計算で予言したことも、『天体力学』が生み出した成果のひとつであった。

図5-2は一八七一年一一月七日、マクスウェルが友人のテイト（エジンバラ大学自然哲学教授）に送った葉書である（『マクスウェル書簡集』）。二人は同郷（エジンバラ）で同い年であり、少年時代から親交を深め、生涯を通し、物理学や数学の問題について、しばしば突っこんだ意見を交わしていた。図5-2はその中の一通である。

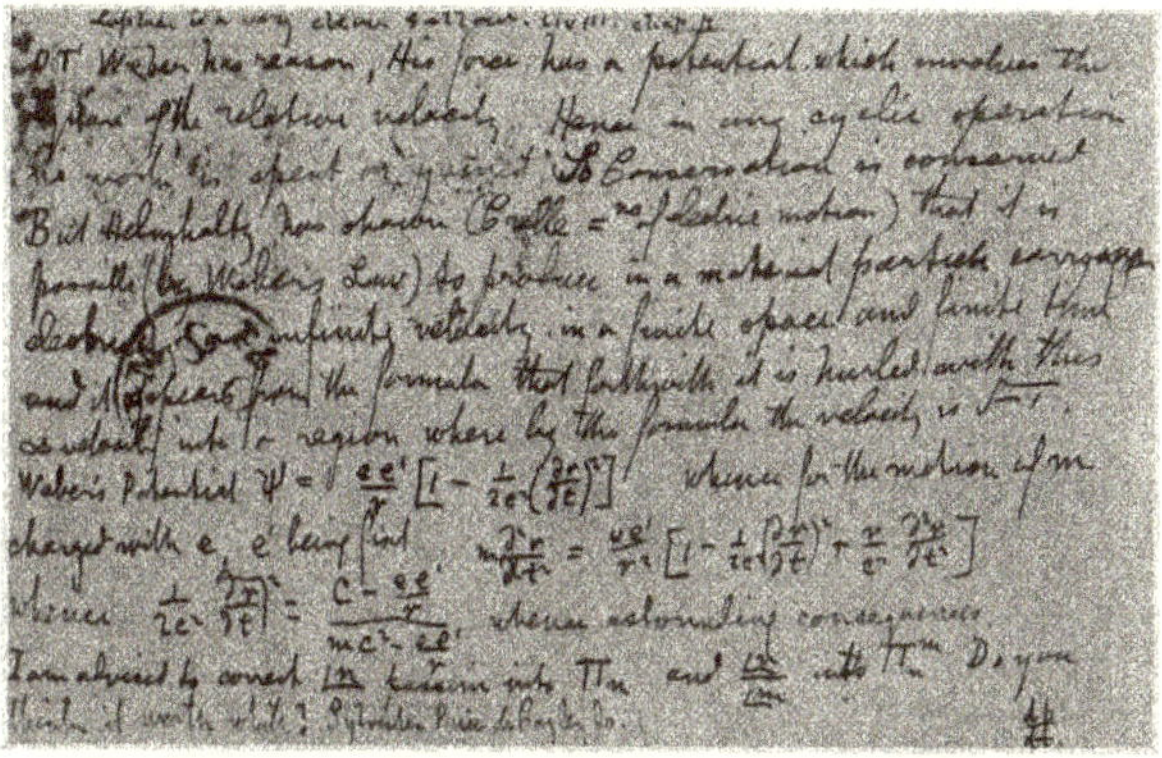

図5-2　マクスウェルがテイトに宛てた葉書

少し見にくいのだが、一行目に、"Laplace is a very clever fellow"（「ラプラスはたいした人物だ」くらいのニュアンスであろうか）とあり、テイトと議論《ディスカッション》している問題に関連した『天体力学』の箇所が示されている。これからも、ラプラスの大著はマクスウェルにとって、座右の書であったことがうかがえる。

## 『確率の哲学的試論』

さて、『天体力学』全五巻の執筆と並行して、ラプラスは一八一二年に『確率の哲学的試論』（図5－3）を著している。後者の『試論』は、力学が構築した決定論的自然観の中で確率という概念をどのように捉えるかについて論じた著作である。

前節で述べたように、力学では一定の制約は課せられているものの、初期条件が与えられれば運動方程式

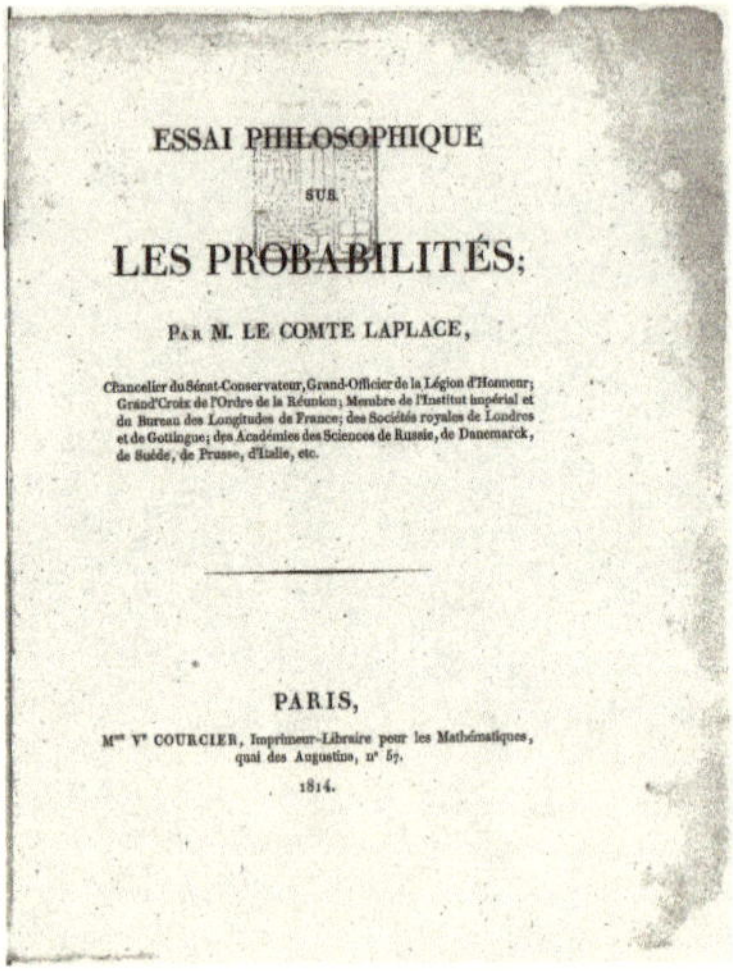
ESSAI PHILOSOPHIQUE

SUR

LES PROBABILITÉS;

PAR M. LE COMTE LAPLACE,

Chancelier du Sénat-Conservateur, Grand-Officier de la Légion d'Honneur; Grand'Croix de l'Ordre de la Réunion; Membre de l'Institut impérial et du Bureau des Longitudes de France; des Sociétés royales de Londres et de Gottingue; des Académies des Sciences de Russie, de Danemarck, de Suède, de Prusse, d'Italie, etc.

PARIS,

M^me V^e COURCIER, Imprimeur-Libraire pour les Mathématiques, quai des Augustins, n° 57.

1814.

**図5-3　ラプラス『確率の哲学的試論』の扉**（早稲田大学図書館所蔵）

の解は一意的に求まるという構図が出来上がっていた。それは原因と結果が一対一に対応する決定論の世界である。つまりは、基本的に森羅万象、すべては必然ということになる。そこが、〝悪魔〟が現れる下地となるのである。

この点について、ラプラスは『試論』の中で次のように述べている（以下、引用は内井惣七訳、岩波文庫による）。

> 現実の事象は、それに先立つ事象との間にあるつながりをもっている。そのつながりは、いかなる事物もそれを生み出す原因なくしては存在しえないという自明の原理に基礎をもつ。（中略）
> したがって、われわれは、宇宙の現在の状態はそれに先立つ状態の結果であり、それ以後の状態の原因であると考えなければならない。

このように、ラプラスは宇宙を因果の連鎖として捉えた上で、こう語っている。

ある知性が、与えられた時点において、自然を動かしているすべての力と自然を構成しているすべての存在物の各々の状況を知っているとし、さらにこれらの与えられた情報を分析する能力をもっているとしたならば、この知性は、同一の方程式のもとに宇宙のなかの最も大きな物体の運動も、また最も軽い原子の運動をも包摂せしめるであろう。この知性にとって不確かなものは何一つないであろうし、その目には未来も過去と同様に現存することであろう。人間の精神は、天文学に与えることができた完全さのうちに、この知性のささやかな素描を提示している。

なんとも凄い大風呂敷を広げたものだと思う。確かに力学は天体の運動もリンゴの落下も計算によって、正確に決定できる。つまり、諸物体の過去の状態を知るだけでなく、それらが未来においても、どのような状態にあるかを知ることができるわけである。そこで、同様のことは、原子についても当てはまると、ラプラスは考えた。

であるならば、宇宙を構成するすべての原子のある時点における初期条件（位置、速度など）とそれらに働く力を把握できる能力をもち、全原子について、運動方程式を計算できる〝知性〟

の存在を仮想すれば、森羅万象は完全に決定され、この知性にとって、過去も未来もすべてお見通しになるという論理が、組み立てられた。

ただし、ラプラスは注釈している。現実に、人間ができることはといえば、天体や地上の物体の運動を個別に扱うレベルにしかまだ達していない。その意味で、「人間の精神は、この知性のささやかな素描《スケッチ》である」と、ラプラスは表現したわけである。

そこで、人間の能力では力学的に捉えきれない現象を目にしたとき、われわれはそれを偶然と呼び、偶然を記述するために、確率という数学を発見したというのである。

というわけで、現段階では、力学はごく限られた範囲にしか適用できないが、真理の探究にかける努力をつづけることによって、人間の精神は絶えず、この知性に近づいていくとラプラスは考えた。

ここでラプラスが力学に抱いた期待は——原理的にはという但し書きをつけたところで——、いまから見れば所詮は幻想にすぎなかったことがわかる。ではあるが、ラプラスほどの大数学者がこれほどの幻想を抱くほど、力学の決定論は当時の人々に強烈な衝撃を与えたのである。占いでも神のお告げでもなく、——何度も念を押すように一定の条件を満たせばという制約はあるものの——未来に起きる現象を確定できる手段を人類が手にしたのは、力学が初めてであったからである。

それだけに、ナポレオンに向かって〝どや顔〟をしたラプラスは、その魅力に酔い痴れたのであろう。そして、その影響は一九世紀を通して、広く人々の自然観を支配することになるのである。換言すれば、力学の進歩は人間の認識から偶然を排除できるのかという話になる。

## ラプラスの悪魔

力学的決定論の影響の強さは、一八七二年、ベルリン大学教授のデュ・ボア・レーモンがドイツ自然科学者・医学者大会において行った講演「自然認識の限界について」の中に、象徴的に現れている。というのも、ラプラスが『確率の哲学的試論』で想定した〝知性〟が、「ラプラスの悪魔」と命名されるようになったのは、実はレーモンのこの講演においてであったからである。

まず、講演の表題にある自然認識について、レーモンは次のような趣旨の内容を述べている（以下、『自然認識の限界について・宇宙の七つの謎』坂田徳男訳、岩波文庫を参考にする）。

自然界の諸現象を、物質を構成する原子の中心力によって生じる運動に還元し、力学的に記述できれば、宇宙は自然科学的に認識されたことになる。つまり、ある時刻における世界の状態は、その前の状態に関する微分方程式（運動方程式）を解いて得られる直接の結果であり、世界は、この連鎖が限りなくつづいている。したがって、我々が偶然と呼ぶ出来事も、実は、力学的にみれば必然にすぎない。

以上はラプラスが『試論』の中で展開した決定論にもとづく自然観であることが、よくわかる。さらに、レーモンはこうつづけている。

宇宙のすべての現象が微分方程式の体系によって表され、この体系から、宇宙にあるどんな原子のいかなる時刻の位置、運動方向、速度も知り得るという自然認識の段階を想定することは可能である。

自然認識のこの段階に達しているのが、『試論』で語られた知性、つまり、ラプラスの悪魔にほかならない。

話がここまでであれば、一九世紀という時代を背景に、力学の特徴を誇張して象《かたど》った、ひとつの表現方法として理解できなくもない。

しかし、レーモンがラプラスの悪魔の本領を次のようなたとえ話をあげて語る段になると、それはもう、ほとんどカリカチュアの域に入ってしまう。

天文学者が、過去において、いつ、どこで日蝕が観測されたかを、計算によって知ることができるように、ラプラスの悪魔は方程式を操作して、鉄仮面の正体が誰であったのか、また、「プレジデント号」（一八四一年にニューヨークを出帆後、姿を消した汽船）がどこでどのように沈没したのかを、我々に告げてくれる。ちょうど、天文学者が彗星の出現する日を予言するように、ラプラスの悪魔はセントソフィア寺院（一四五三年に回教徒に占領されたカトリック寺院）に再び十字架が輝く日も、英国が最後の石炭を燃やし尽くす日も、方程式の中に読み取るであろう。

そして、一羽のスズメもラプラスの悪魔の知るところなくして地に落ちることはなく、過去と未来を見通す悪魔には、全宇宙は唯一の事実、ひとつの大きな現実にすぎない。

というのである。

いかにたとえ話とはいえ、論理がいっぺんにここまで飛躍すると、もはや唖然《あぜん》とするほかはない。まるで大宇宙に向かって蟷螂《とうろう》の斧をふるうが如き、小さな人間の愚かな錯覚といわざるを得ない。

再三述べているように、力学が適用できるのは、副次的な攪乱要因が排除できる場合に限られている。また、たとえ物質を原子のレベルまで分解し、そのひとつひとつの運動を解析し、それらを統合しても——こうした問題の捉え方を、「要素還元論」という——、原子まで降りてくると、その集合である物質がもつ形質はそもそも失われてしまっているのである。

そして、二〇世紀に入ってから明らかにされる事実になるが、原子のようなミクロの実体に対しては——天体やリンゴと異なり——力学そのものが使えなくなる。したがって、決定論も成り立たない。代わってそこは、量子力学によって記述される確率的解釈にもとづく世界になる。物質の階層構造を上位（マクロ）から下位（ミクロ）に降りると、単にサイズが小さくなるだけでなく、実体としての有り様に質的な変化が起きてしまうわけである。

ラプラスは「同一の方程式のもとに天体の運動も原子の運動も包摂せしめる」と豪語したが、この考え自体が破綻している。そうなると、鉄仮面の正体も一羽のスズメの運命も——たとえ原理的にはと断ったところで——力学に託すことはできない。

というわけで、ラプラスの悪魔は一九世紀の時代制約の中、ごく限られた特殊条件下のみでその真価を発揮できる古典力学の体系を、無節操に敷衍《ふえん》した延長線上に現れた幻にすぎなかったことがわかる。それは見方を変えれば、万能と錯覚させるほどに力学の進歩はめざましく、そこから人々に大きな知の混乱を引き起こす悪魔を誕生させたのだといえる。

ところで、悪魔の原型をつくったラプラスは『試論』において、人間はこの知性から、まだはるか遠いところにいるため、さし当たっては、諸現象を確率という手段を用いて論じるほかはないと考えたわけである。この考えは、一九世紀中葉から後半にかけて確立される熱力学や統計力学に活かされることになる。

そうして形成された物理学の土壌の中に、再び、新しい悪魔が生み出される。それが「マクスウェルの悪魔」である。確率をキーワードに捉えると、二人の悪魔の出自にはつながりがあることがわかる。

## マクスウェルの悪魔の登場

マクスウェルが後に彼の名前を冠して呼ばれるようになる、有名な〝悪魔〟について初めて語ったのは、一八六七年一二月一一日、友人のテイトに送った手紙においてである。その意図は、不可逆過程を記述する熱力学第二法則を破るパラドックスを提示し、議論を喚起することにあった（なお、テイト宛ての手紙で、マクスウェルは〝demon〟という用語は使っておらず、〝finite being〟と表現している。その後、悪魔と呼ばれるようになった経緯については後述する）。

マクスウェルは悪魔が現れる場面を、次のように書いている（『マクスウェル書簡集』）。

容器を仕切りCDで二つの小部屋AとBに分け、そこに弾性体の分子を充塡《じゅうてん》する（図5－4）。分子は互いに衝突したり、容器の壁にぶつかりながら、活発に動きまわっている。

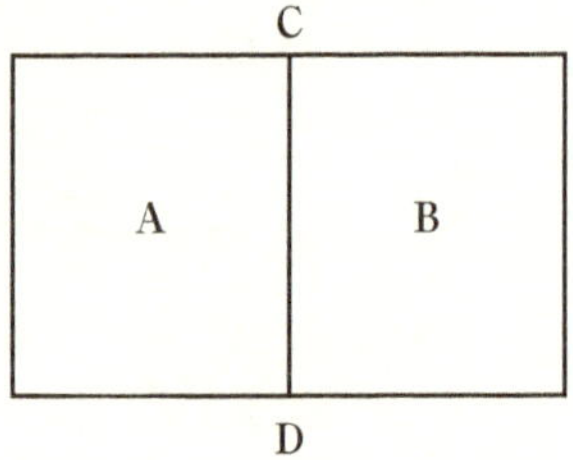


**図5-4　悪魔が現れる容器**

ＡとＢにある分子の数は等しいが、Ａの分子の方が大きい運動エネルギーをもっているとする。このとき、Ａのすべての分子は初め、同じ速度で動きまわっているが、それでも、互いに衝突を繰り返すたび、個々の分子の速度は変化するので、その値にはバラつきが生じてくる。そして、その大きさは遅い方から速い方まで、あらゆる値に分布していく。同じことは、Ｂの分子についてもいえるが、速度の二乗の総和はＢよりＡの方が大きいとしておく。

ここで、いったん注釈を加えておくと、マクスウェルは一八六〇年と一八六七年、『フィロソフィカル・マガジン』に「気体の動力学的理論」の論文を発表し、ある温度のもとでの分子の速度分布は山形の正規分布（マクスウェル分布）を成すことを導き出している（図５－５）。そこには遅い分子から速い分子までが図のように混在し、そのピークのところに、もっともたくさんの分子が存在しているわけである。

気体の温度が上がるにつれ、分布のピークは右側に移動し、そのぶん、山の形は左右に引き伸ばされて、なだらかになっていく。いまの場合でいえば、Ａの分布のピークはＢのそれよりも右側に位置することになる。

さて、つづけて、マクスウェルはテイトにこう書いている。

分子が固定された仕切りCDで撥ね返されたとき、仕事を失うことも得ることもない（弾性衝突を想定しているので、引用者注）。

また、撥ね返される代わりに、分子がCDに開けた穴を通り抜けられるようにしても、やはり、そのとき、仕事を失うことも得ることもなく、分子のエネルギーが一方の小部屋からもう一方へと移るだけである。

そこで、簡単な観測によって、すべての分子の道筋と速度を把握することができる、ある〝生き物〟(finite being)を想定してみる。そして、この生き物は質量のないドアを滑《すべ》らせて仕切りの穴を開閉する以外、いっさい何の仕事もしないと仮定する。

彼はまず、Aの分子を観測し、その速度の二乗がBの分子の平均二乗速度よりも遅いものが近づいてきたときは、ドアを開け、

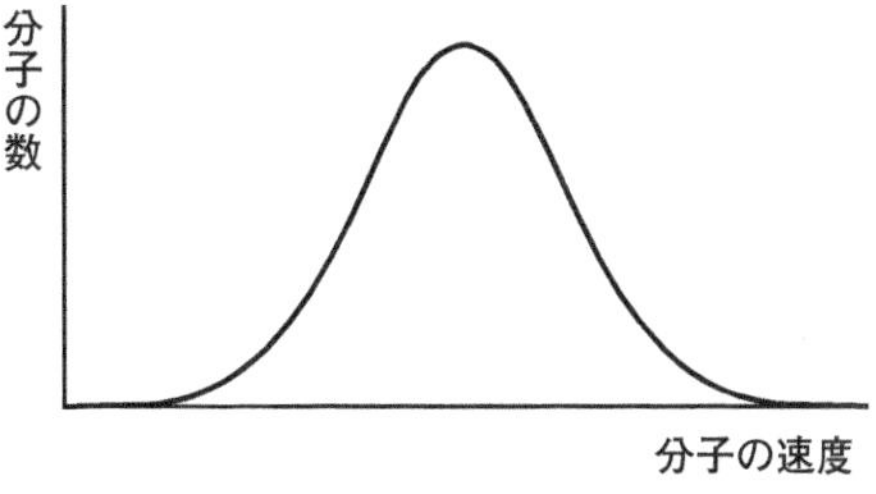

図5-5　マクスウェル分布

その分子をBに入れてあげる。次に、Bの分子のうち、速度の二乗がAの分子の平均二乗速度よりも速いものが近づいてきたときもドアを開け、その分子をAに入れてあげる。一方、それ以外の分子に対してはドアを閉め、穴を通過させないようにする。

こうしていると、AとBの分子の数はそれぞれ、初めと同じながら、Aのエネルギーは増加し、Bのそれは減少していく。つまり、熱い方の小部屋はますます熱く、冷たい方はますます冷たくなっていくわけである。しかし、このとき、いかなる仕事もなされてはいない。ただ、観察力にすぐれて、手際のよい〝知性〟(intelligence) がドアの開閉を操作しているだけである。

要するに、熱が物質を構成する有限の粒子の運動であり、このようにして、その一個一個を扱える手段を有するならば、粒子の速度の違いを識別して、熱さが均一な系を温度が異なる領域に分けてしまうことができるわけである。我々がそうした操作をできないのは、それをこなすのに十分すぐれた能力をもっていないからにすぎない。

今日、このようにして熱力学第二法則を破る悪魔の解説は物理学の多くの啓蒙書で紹介されているが (たとえば、図5-6)、引用したマクスウェルの手紙を読むと、この時点において初めから、悪魔の全貌とパラドックスが意味する問題点が明確に提示されていることがわかる。

ところで、名称の件であるが、"finite being"が"demon"と呼ばれるようになったのは、一八七四年、ケルヴィン（W・トムソン）が『ネイチャー』に発表した論文「エネルギーの散逸に関する力学的理論」においてである。

しかし、マクスウェルはこの呼称を気に入らなかったようである。ラプラスの場合と同様、マクスウェルも〝知性〟という言葉を使ってはいるが、それは分子の速度に応じて自動的に開閉するだけの弁のような装置をイメージしていたからである。実際、一八七〇年一二月六日、レイリー（J・W・ストラット）に宛てた手紙には、"finite being"を"self-acting"な装置と書いている（『マクスウェル書簡集』）。

それでも、〝マクスウェルの悪魔〟という呼称が定着したのは、この方がパラドックスの妙を強く印象づけるからなのであろう。

**図5-6　仕切りのドアを開閉する悪魔**（『物理学の広場 時間の話・空間の話』小山慶太、丸善より）

## 熱力学第二法則と不可逆過程

ここでもう一度、図5-6をご覧いただこう。確かに悪魔は分子の動きを見て、ドアの開閉をしてはいるが、かといって、分子をつかまえて強引に場所（AとBの小部屋）を移し替えるようなことはしていない。つまり、いっさい仕事は加えられていない。にもかかわらず、エントロピーは減少の方向に推移していくのである。

外界とエネルギーの出入りがない閉じた系（マクスウェルが想定したような容器）では、そのままにしておくと、一般に系のエントロピーは自然に増加していく。そして、エントロピーが最大に達したとき、系の変化は停止する。変化が停止した系がなにかの拍子に、エントロピーの小さかった元の状態に逆戻りすることはあり得ない。これを「不可逆過程」といい、熱力学第二法則（エントロピー増大則）の教えるところである。

エントロピーとは現象論的にいえば、系の秩序の目安を示す物理量で、その値が小さいほど秩序が保たれていることになる。系が無秩序状態になったとき、エントロピーは最大の値に達するわけである。

たとえば、コップの水に氷を入れたとする。このとき、コップの中は温度が低い領域（氷）と高い領域（水）に截然《せつぜん》と分かれている。両者の区別がはっきりとつくわけである。これを秩序のある状態（エントロピーの小さい状態）という。

ところが、放っておくと時間とともに氷は解け、やがて、初めに比べ水の温度が下がったところで、変化は停止する。このとき、コップの中はどこも均一の温度になり、冷温の区別はいっさいなくなってしまう。これを無秩序（エントロピー最大）と表現する。

こうなると、いくら待っても、コップの中が再び、水と氷に分離する、つまり、エントロピーが減少する方向には進まない。ウイスキーの水割りがオンザロックに変わってしまうことはないわけである。元の状態を復元するには、系（コップ）にエネルギーを供給し、仕事をしなければならない。何もしなければ、すべては不可逆過程となるわけである。

ところが、マクスウェルの悪魔は不可逆な現象を、エネルギーを投入することなく、可逆にしてしまうという魔法を使うのである。

さきほど触れたレイリー宛ての手紙（一八七〇年一二月六日）の中で、マクスウェルは次のような面白い話を書いている。

この世界が純粋に動力学的な系であり、厳密に系のすべての粒子の運動を同時に反転させたとすれば、あらゆる現象は初めの状態に逆戻りしていくであろう。地面に降った雨粒は集まって上昇し、雲になるし、友人が墓の中から出て揺り籠に入っていく（死と誕生が逆転する）過程を見るであろう。

要するに、未来と過去が入れ替わることになる。現実に雨粒や人間の生涯を逆転する実験を行うことは不可能にしても、熱力学第二法則を破る作業の原理を示すことはできるとして、マクスウェルは再び、穴を開けた仕切りを入れた容器を使って、こう述べている（図5－7）。

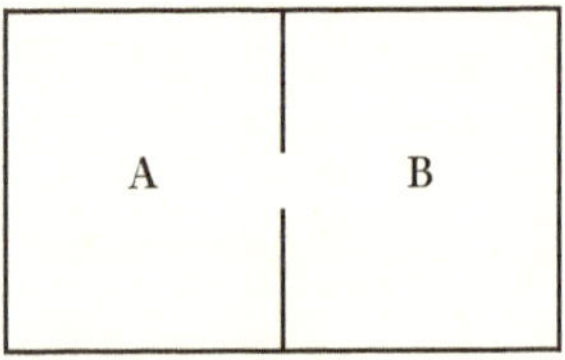

図5-7　穴が開いた仕切りで区切った容器

気体の動力学的理論が正しいとすれば、一様な温度のもとで気体の個々の分子は、さまざまに異なる速度で動きまわっている。こうした気体を二つの小部屋に分けた容器の中に入れ、分子一個がちょうどすり抜けられるサイズの小さな穴を仕切りの壁に開けておく。この穴にふたを取り付け、そこに〝門番〟(doorkeeper)を配置する。彼は知性にすぐれ、敏捷《びんしょう》で、微視的なものを見分ける視力をもったある〝生き物〟(finite being)であるとする。

彼はAからBに向かってふたに近づいてくる速度の速い分子を見つけると、ふたを開け、分子を穴から通し、Bに導き入れる。ところが、分子の速度が遅い場合は、ふたを閉めてしまう。また、彼はBからAに向かう遅い分子は穴を通すが、速い分子に対してはドアを閉めてしまう。もちろん、彼は連続的に道筋と速度を変化させる分子に素早く反応しなければならない。

こうしていると、Bの温度は上昇し、Aの温度は下がっていくが、このとき、気体にたいして何の仕事も加えられておらず、単に知性による振り分け作業が行われているだけである（鉄道の転轍手《てんてつしゅ》がスイッチを切り換えることによって、一方の線路に急行列車を、もう一方の線路に貨物列車を通すことになぞらえられる）。

と述べた後、マクスウェルは「熱力学第二法則とは、コップに入れた水を一度、海に流してしまったら、それと同じ水を再びコップに戻すことはできないというのと等しいくらい正しいものである」と書いている。日本の諺《ことわざ》に当てはめれば、「覆水盆に返らず」と表現できるであろう。

こうした不可逆過程の例は枚挙にいとまがないが――時間は過去から未来へ向け一方通行で流れていくので、当然の話であるが――、もうひとつ紹介しておくと、フランスのペラン（一九二六年ノーベル物理学賞受賞）が一九一三年に著した『原子』（玉蟲文一訳、岩波文庫）にこういうたとえが載っている。

観察の対象のサイズがミクロになると、熱力学第二法則に矛盾するゆらぎが生じるが、我々は日常、この法則に反する出来事を目にすることはない。すべてが覆水盆に返らずに帰結する。この違いをペランは次のように説明している。

我々の身体が細菌くらいの大きさに縮小されたとするならば、空気分子の衝突のゆらぎによって、塵の粒子がある高さまで持ち上げられるのを見るであろう。粒子が十分小さいと、瞬間的に、空気分子がぶつかってくる方向に偏りが生じるからである。つまり、下からぶつかる分子の数が上からや横からの数よりも多いという不規則な状態になると、粒子は上昇することになる。

ところが、綱に吊るされた一キログラムのレンガがこうした空気分子のゆらぎによって、一階から二階の高さまで持ち上げられるのを見るのに要する時間は、地質年代はおろか宇宙の年代よりもはるかに長くなる（想像を超える時間の長さは、$10^{100}$年以上とペランは算出している）。したがって、家を建てる際に、空気分子のゆらぎを当てにしてレンガを積み上げる人間はいない。現実には、我々が目にする尺度で自然に熱力学第二法則が破られてしまうことはないわけである。

$10^{100}$年というのは宇宙の年齢の$10^{90}$倍であるから、べらぼうに長い時間であるが、見方を変えると、気長にこれだけの時間を待っていれば、労力を使うことなく、一個のレンガが空気分子の熱運動によって自然に一階から二階に持ち上がる現象が、確率的には一回起きるかもしれないということになる。つまり、〝奇跡〟は完全に否定されているわけではないのである。

ラプラスは『確率の哲学的試論』の中で、力学的決定論を完璧に具現化できる知性からはるかに遠いところにいる人間は、現実の諸現象を確率という手段で論ずる他はないとした。熱力学、統計力学という一九世紀後半に入って確立された物理学の分野は、ラプラスが提起した思想の延長線上にあるといえる。

したがって、確率がどれほど小さくてもゼロでない限り、十分長い時間をかけ、何回も同じ試行をつづけていると、奇跡としか思えない、信じられないような現象を目にする機会が、いつかは訪れるかもしれないということになる。その奇跡を、仕事をすることなく、つまり熱力学第二法則に抵触することなく、積極的に起こそうとしているのが、マクスウェルの悪魔になる。

## エントロピーと情報

ここで、容器の中を飛びまわる一個の分子の動きに注目してみよう（図5－8）。この分子は壁に撥ね返されたり、分子どうしで弾性衝突したりを繰り返しながら、不規則な運動をつづける。この分子がある時刻において、速い速度をもち（マクスウェル分布のピークの右側、図5－5参照）、容器の右側にいる確率は二分の一になる。つまり、好き勝手に動きまわらせていれば、一個の分子が容器の右側にいるか左側にいるかは半々ということになる。

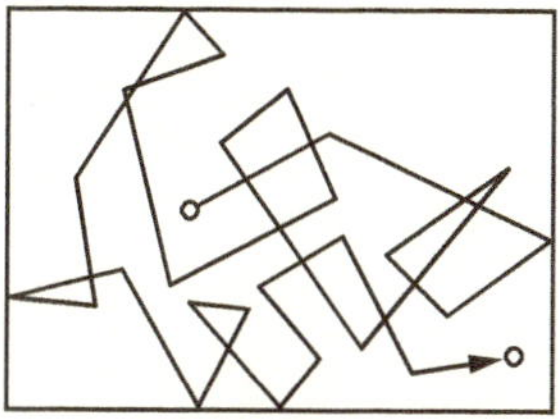

図5-8　1個の分子の運動

しかし、すべての速い分子が右側、すべての遅い分子が左半分に自然に偏在してしまう確率は、アヴォガドロ定数レベルの分子の数を考えると、厳密にはゼロでないものの、限りなくゼロに近い。そこで、マクスウェルの悪魔は中央に穴の開いた仕切りを入れ、関所の番人のように、速度に応じて、分子を選り分け、容器の左右に温度差をつくり出したわけである。

繰り返しになるが、確かに悪魔は分子に手を加え、仕事をすることはいっさいしていない。にもかかわらず、エントロピーは減少してしまう。どうしてなのであろうか。

このパラドックスを解く鍵が情報にあることを一九二九年、『ツァイトシュリフト・フュア・フィジーク』に発表した論文で初めて指摘したのはシラード（ハンガリー出身のアメリカの物理学者）である。

悪魔は仕切りの穴のドアを操作するだけなのであるが、開けるべきか閉じるべきかを判断するには、分子の運動を観測し、位置と速度に関する正確な情報を入手しなければならない。つまり、観測という不可避な行為がそこに入ってくる。

一般に、観測とは調べようとする対象になんらかの働きかけをすることである。ちょっかいを出すわけである。したがって、その影響を受けた結果、対象の状態に——ほんのわずかかもしれぬが——乱れが生じる。観測前と後で違いができるわけである。

ここで、身近なたとえをあげてみよう。温度計を使ってお湯の温度を調べるとする。このとき、お湯の中に温度計を入れて目盛りを読むわけであるが、その値が当初のお湯の温度を正確に表しているかとなると疑問が残る。普通の生活環境で考えれば、温度計自身の温度はお湯よりも低いので、温度計を入れることにより、お湯の温度は下がってしまうからである。

似たような現象は、タイヤの空気圧を測るときにもいえる。圧力計を動かすには、瞬間的にタイヤから空気を少量、噴出させなければならない。結果、圧力は空気が抜けたぶん、初めの状態よりも下がってしまう。

という具合に、観測には対象の状態を乱し、知りたい情報に狂いが生じるというジレンマが伴うのである。

では、マクスウェルの悪魔の場合はどうであろうか。悪魔が知りたい情報は、分子の位置と速度である。それを得るためには、悪魔は分子に光（電磁波）を当て観測しなければならない。

車のスピードやピッチャーの球速を測る装置に、スピードガンがある。これは運動している対象に電磁波を当て、反射してきた波が示すドップラー効果による波長（周波数）の変化から、その速度を算出するものである。車やボールのようにマクロの対象であれば、電磁波を当てたところで、その運動状態の乱れは無視できるくらい小さく、事実上、問題にはならない。

ところが、ミクロの対象になるとそうはいかなくなる。電子にX線を照射するとX線の波長に顕著な変化が現れるが、同時に、電子の位置と速度も照射前から大きくずれてくる（この現象をコンプトン効果という）。また、分子に可視光を照射すると散乱された光の振動数に分子固有の変化が生じ、それにともなって、分子の内部運動（回転や振動）が初めの状態とは違ってくる（これをラマン効果という。なお、コンプトン効果の発見は一九二二年、ラマン効果の発見は一九二八年であり、マクスウェルが熱力学のパラドックスを提示してから半世紀以上後のことになる)。スピードガンで車やボールの速度を計測するのとは、根本的に話が違ってくる。

マクスウェルはドアの開閉以外、悪魔は分子に対し、いっさい何の働きかけもしていないと考えていたわけであるが、実はそうではなかった。分子を〝見る〟という行為はそれだけで、光を当てる行為を通して、分子の運動を乱していたのである。それはエントロピーの増加につながる。

そこで問題は、速度に応じてドアを開閉し、分子を選り分ける作業によって減少するエントロピーと、光を当てて情報(分子の位置と速度)を得るために増加するエントロピーのうち、どちらが大きいかということになる。

シラードが一九二九年の論文でその計算を行ったところ、後者の方が前者を上まわるため、結局、容器内の気体のエントロピーは減少しないことが示されたのである。

しかし、当時はまだ、熱力学に情報を取り込んで議論するという斬新な視点の論文は、それほど注目されなかった(図5-9)。その状況を後年、シラードはこう回想している。

マクスウェルの悪魔は、正しい判断をし、次いで何事かを実行する。そして正しく判断し何事かを実行することによって、熱力学の第二法則を破ることができる。この論文はあるラジカ

**Über die Entropieverminderung in einem thermodynamischen System bei Eingriffen intelligenter Wesen.**

Von **L. Szilard** in Berlin.

Mit 1 Abbildung. (Eingegangen am 18. Januar 1928.)

Es wird untersucht, durch welche Umstände es bedingt ist, daß man scheinbar ein Perpetuum mobile zweiter Art konstruieren kann, wenn man ein Intellekt besitzendes Wesen Eingriffe an einem thermodynamischen System vornehmen läßt. Indem solche Wesen Messungen vornehmen, erzeugen sie ein Verhalten des Systems, welches es deutlich von einem sich selbst überlassenen mechanischen System unterscheidet. Wir zeigen, daß bereits eine Art Erinnerungsvermögen, welches ein System, in dem sich Messungen ereignen, auszeichnet, Anlaß zu einer dauernden Entropieverminderung bieten kann und so zu einem Verstoß gegen den zweiten Hauptsatz führen würde, wenn nicht die Messungen selbst ihrerseits notwendig unter Entropieerzeugung vor sich gehen würden. Zunächst wird ganz universell diese Entropieerzeugung aus der Forderung errechnet, daß sie im Sinne des zweiten Hauptsatzes eine volle Kompensation darstellt [Gleichung (1)]. Es wird dann auch an Hand einer unbelebten Vorrichtung, die aber (unter dauernder Entropieerzeugung) in der Lage ist, Messungen vorzunehmen, die entstehende Entropiemenge berechnet und gefunden, daß sie gerade so groß ist, wie es für die volle Kompensation notwendig ist: die wirkliche Entropieerzeugung bei der Messung braucht also nicht größer zu sein, als es Gleichung (1) verlangt.

Es gibt einen schon historisch gewordenen Einwand gegen die allgemeine Gültigkeit des zweiten Hauptsatzes der Thermodynamik, welcher in der Tat einen recht bedrohlichen Eindruck macht. Es ist dies der Einwand des Maxwellschen Dämons, der in verschiedener Umkleidung auch heute noch immer wieder auftaucht, und vielleicht nicht ganz mit Unrecht insofern, als hinter der präzis gestellten Frage sich quantitative Zusammenhänge zu verbergen scheinen, die bisher nicht aufgeklärt worden sind. Den Einwand in seiner ursprünglichen Formulierung, die mit einem Dämon operiert, welcher die raschen Moleküle abfängt und die langsamen passieren läßt, kann man allerdings mit der Entgegnung abtun, daß wir

**図5-9　シラードの論文「知性の介入による熱力学系のエントロピーの減少について」（Zeitschrift für Physik, 1929）の冒頭。マクスウェルの悪魔の記述（下線）が見られる。**

ルな思考への出発を意味していた。というのは、私は、ここで本質的な問題は、悪魔が情報を利用する点にあることを述べたからである。正確にいえば、悪魔は実際には手にしていないはずの情報を利用して、判断を下していることになると考えたからである。情報とエントロピーの間には、ある関係が存在すると私は述べ、この関係がどんなものか計算した。この論文は、第二次大戦後、情報理論が流行になるまで、誰もまったく注意を払わなかった。戦後、この論文は再発見された。いまや、この三五年間、だれも注意を払わなかった古い論文は、現代情報理論の礎石とされている。(『シラードの証言』S・R・ウィアート、G・W・シラード編、伏見康治、伏見諭訳、みすず書房。なお、引用に際し、文章を一部書き直してある)

## 観測と不確定性

マクスウェルの悪魔が誕生した背景には、当然のことながら、一九世紀という時代の制約があった。換言すれば、それは古典物理学の枠内で生み出されたパラドックスであった。シラードが慧眼《けいがん》をもって見抜いたように、当時、熱力学には、エントロピーを情報とのかかわりの中で捉えるという認識が完全に欠落していたからである。簡単にいえば、マクスウェルはタダで悪魔は分子に関する必要な情報(位置と速度)を手に入れられるという前提で、パラドックスを創り出したわけであるが、前提そのものが実は崩れていたのである。

エントロピーに限らず、古典物理学の世界では一般的に、観測という行為と対象の有様の間に密接な相関が成り立つとする理解の仕方はされていなかった。対象はそれを見ようが見まいが、そうした人間の働きかけとは独立に所与のものとして存在していた。

ところが、二〇世紀に入り、分子、原子、電子、光子などのミクロの実体の振る舞いに物理学の関心が向けられ始め、それらを記述する新しい理論体系、量子力学が確立されると、事情は一変する。量子力学は古典物理学の常識を根底からひっくり返し、いわゆるパラダイム・シフトを起こすことになるが、その顕著な特徴が一九二七年、ドイツのハイゼンベルクが導き出した「不確定性原理」に見て取れる。

ハイゼンベルクは電子などのミクロな対象を観測する場合、その位置と運動量（速度）の測定精度にはある限界があることを、思考実験によって示したのである。

それによると、観測しようとする粒子の位置のあいまいさ$\Delta x$と運動量のあいまいさ$\Delta p$の間には、両者の積がある定数（プランク定数$h$）以上になる「$\Delta x \cdot \Delta p \geqq h$」という関係が成り立つ。したがって、$\Delta x$を小さくして（$\rightarrow 0$）粒子の位置を正確に知ろうとすればするほど、それに反比例して$\Delta p$は大きくなり、運動量のあいまいさは大きくなってしまう。同様に、運動量を確定しようとすると、今度は位置がぼやけ、どこにいるのかわからなくなってしまう。

つまり、位置と運動量の両方を正確に知ることはできず、一方の情報を犠牲にするか、あるいは、それぞれの情報にあいまいさを伴ったままで我慢するしかないわけである。

こうした不確定性は実験装置の進歩や測定方法の改良によって取り除ける類のものではなく、ミクロの世界特有の「粒子と波の二重性」に起因する原理的な帰結になる。したがって、悪魔といえども、物理学の制約からは逃れられない以上、近づいてくる分子の位置と速度を同時に正確に知ることは、そもそもできない。できないことをつづければつづけるほど、エントロピーは増加していくはめになる。

不確定性原理は、ニュートン力学が示す決定論からの訣別を意味している。代わって、ミクロの世界では、確率的な解釈しか下せないわけである。

ところで、アインシュタインがこうした自然観を否定し、量子力学が真の意味で完成した暁《あかつき》には、物理学は確率的解釈を脱却し、決定論の世界を取り戻せると主張しつづけたことはよく知られている。「月は見えているときにしか存在しないのか」というアインシュタインの問いかけは、まさに彼が量子力学に抱いた違和感を端的に物語っている。

マクロの世界では、見るという人間の行為が実在に及ぼす影響は無視できるくらい小さい。したがって、我々がお月見をしようがしまいが、確かに月は存在する。

ところが、ミクロの対象になると、それは観測する人間と無関係にそこに存在する独立した実体ではなくなってしまうと、量子力学は語っているわけである。

## 悪魔が物理学に果たす役割

さて、マクロとミクロの間に現れるこうしたギャップを鮮明に浮き彫りにしたのが、量子力学の観測問題を論ずるとき必ず引き合いに出される、「シュレディンガーの猫」である。このパラドックスはシュレディンガーが一九三五年、ドイツの『ナトゥールヴィッセンシャフテン』に著した論文「量子力学の現状」に載っている（図5-10）。

シュレディンガーはこの中で、観測問題に関し、「まったくふざけた事例を考え出すことができる」という書き出しで、次のような猫を使った思考実験を展開した。

猫を一匹、〝地獄の機械〟と一緒に鋼鉄の箱に閉じ込めておく。地獄の機械とは、放射性物質とガイガー・カウンターとハンマーとビンに詰めた青酸ガスを電気系統で連結させた装置である（ただし、猫がこの装置に触れないようにしておく）。

量子力学に従うと、放射性物質が一時間以内に放射線を出して原子が崩壊するか否かは、確率でしか表せない現象になる。したがって、原子が崩壊したのか、あるいはしなかったのかは、一時間後、箱を開けてみるまでわからない。

もし、崩壊が起きたとすると、放射線を検出したガイガー・カウンターから出る電気信号を受け、ハンマーが打ち下ろされ、ビンが割れて、青酸ガスが箱の中に充満する。そうなれば、猫は

# DIE NATURWISSENSCHAFTEN

23. Jahrgang 29. November 1935 Heft 48

**Die gegenwärtige Situation in der Quantenmechanik.**
Von E. SCHRÖDINGER, Oxford.

Man kann auch ganz burleske Fälle konstruieren. Eine Katze wird in eine Stahlkammer gesperrt, zusammen mit folgender Höllenmaschine (die man gegen den direkten Zugriff der Katze sichern muß): in einem GEIGERschen Zählrohr befindet sich eine winzige Menge radioaktiver Substanz, *so* wenig, daß im Lauf einer Stunde *vielleicht* eines von den Atomen zerfällt, ebenso wahrscheinlich aber auch keines; geschieht es, so spricht das Zählrohr an und betätigt über ein Relais ein Hämmerchen, das ein Kölbchen mit Blausäure zertrümmert. Hat man dieses ganze System eine Stunde lang sich selbst überlassen, so wird man sich sagen, daß die Katze noch lebt, *wenn* inzwischen kein Atom zerfallen ist. Der erste Atomzerfall würde sie vergiftet haben. Die $\psi$-Funktion des ganzen Systems würde das so zum Ausdruck bringen, daß in ihr die lebende und die tote Katze (s. v. v.) zu gleichen Teilen gemischt oder verschmiert sind.

図5-10　シュレディンガーの論文タイトルとパラドックスの箇所。猫と地獄の機械（下線）の言葉が見える（なお、段落の取り方は原論文とは変えてある）。

即死である。反対に、崩壊が生じなければ、猫は生きている。

したがって、箱の中には、同じ一匹の個体でありながら、死んだ猫と生きている猫が同じ割合で混在していることになる。ところが、箱を開けたとたん、混在していた猫の生死がどちらかに決定されるわけである（観測者が箱の中をのぞくという行為は、猫の運命になんらかかわりをもたないにもかかわらずである）。

このように、原子の崩壊のようなミクロの世界特有の不確定性（二つの状態の混在）が、猫というマクロな対象の生と死という判然と区別される二つの状態の不確定性に置き換えられてしまうところに、このパラドックスの妙がある。なんとも解釈に苦しむ、不思議な事態の出現である。

以上がシュレディンガーの猫の話である。地獄の機械と一緒に猫を箱の中に閉じ込めるというのは、相当に残酷なたとえではあるが、このパラドックス、マクロの世界ではあり得ない生と死が同じ割合で混ざるという状態をつくり出したわけであるから、それを表現した猫——猫ではかわいそうだと思うのなら、マクスウェルをまねて、ある生き物（finite being）あるいは知性（intelligence）と置き換えてもよかろう——もまた、物理学の悪魔の一人にかぞえられるかもしれない。

熱力学におけるマクスウェルの悪魔と量子力学におけるシュレディンガーの猫では、その意味あいは異なるものの、どちらも確率をめぐるパラドックスであったという共通性は興味深い。そして、パラドックスが喚起した議論、論争は、それぞれ理論体系の基本法則をあらためて見直すきっかけをつくり、物理学の発展に寄与したのである。

そう考えると、お伽話同様、物理学においても、悪魔が演じる役割は大きいことがよくわかる。

# 第6章　ファラデー、マクスウェル　最後の仕事

## ファラデーの実験日誌

ファラデーがヴィクトリア女王から下賜されたハンプトン・コートの屋敷で亡くなったのは一八六七年八月二五日であったが（第4章「〝ただのマイケル・ファラデー〟」参照）、最後の実験を行ったのは一八六二年三月一二日、七〇歳のときになる。つまり、この日をもって、ファラデーは半世紀近くに及ぶ研究生活から引退をしたわけである。

引退の日がはっきり特定できるのは、ファラデーが残した実験日誌のおかげである。ファラデーにはその日のうちに、行った実験の方法、得られた結果、それについての考察を丁寧に記録しておく習慣があり、一八二〇年に書き始めた実験日誌は一八六二年まで続いたのである（図3-6参照）。大部な日誌は一九三二年、全七巻にまとめられ、ロンドンで出版された（"Faraday's Diary : Being the Various Philosophical Notes of Experimental Investigation", G. Bell and Sons）。

その「まえがき」に、W・L・ブラッグ（一九一五年、X線による結晶構造解析でノーベル物理学賞受賞）はこう書いている。

ファラデーの日誌は実験結果を単に列挙したものではない。それを読めば、彼の研究が最後の重要な結論へと至る道筋を一歩一歩、たどることができるのである。ファラデーの頭の中でアイデアが形を成し、実験で確かめられ、それが研究のさらなる発展の足がかりとして利用される様子を見ることができるのである。

科学研究において重要な事柄のひとつに、実験結果の再現性があげられる。それが保証されなければ、科学の命である客観性、実証性が失われてしまうからである。

この点に関し、半世紀にわたって克明に綴られたファラデーの実験日誌は、ブラッグが指摘するとおり、結論へと至る道筋を一歩一歩たどりながら、その再現性を十分、確認できる内容だったのである。そして、一八六二年三月一二日に行われた最後の実験をめぐって、ファラデーの死後、遺された日誌の価値を示すドラマがオランダの若い物理学者ゼーマンによって引き起こされるのである。

## 最後の実験

一八四五年、ファラデーは屈折率の大きいガラスを磁場の中に置き、そこに光を通すと、偏光面（光波の振動面）が回転する現象（ファラデー効果）を発見していた。光と磁気の間に相関があることを示したのである（第3章「反磁性と常磁性」参照）。

その一四年後の一八五九年、ドイツのブンゼンとキルヒホッフが光のスペクトル分析に関する画期的な実験方法を発明する。ガスバーナーで燃やした試料から放射される光を分光器に通すと、元素固有のスペクトル（波長〔色彩〕ごとに分かれた光の輝線）が観測され、その特徴から、試料に含まれる元素が特定できたのである（第4章「科学者クルックスの業績」参照）。

一八六〇年四月二六日、マンチェスターのオーウェン・カレッジの化学教授ロスコーがファラデーに送った手紙に、「ブンゼンが新しい元素を検出した実験方法の考案は、化学の世界における、アダムズとルヴェリエが海王星を発見した天文学上の業績に匹敵するくらいすごい出来事です」と書いたことからも、当時、分光分析が熱い注目を浴びていた様子がうかがえる（『ファラデー書簡集』）。

ファラデーはこの方法を用いれば、ファラデー効果とはまた別の光と磁場の相互作用が見出せるのではないかと考えた。そこで、彼は光源（ナトリウムの気体から出る光）を磁場の中に置き、光のスペクトルに磁気の影響がどのように現れるか観測してみることにした。これが最後の実験のテーマである。
しかし、予想に反し、新しい効果は何も認められなかった。失意の中、ファラデーは最後の実験を終え、現役を引退したのである。

図6-1　P・ゼーマン（『ノーベル賞講演 物理学1』講談社）

## 最後の実験を再現したゼーマン

それから三五年後、ファラデーが失敗した最後の実験に再び挑戦したのがゼーマンである（図6-1）。ゼーマンは一八九七年、『フィロソフィカル・マガジン』に発表した論文「物質によって放射される光の性質に及ぼす磁気の影響について」の冒頭で、敢えてこの実験を試みるにいたった動機をこう述べている。

およそ二年前に私の注意が以下に引用するようなファラデーの生涯について書いたマクスウェルの短い文章の一節に惹きつけられなかったならば、多分私はこの実験をこんなに直ぐ再開することはなかったであろう。そこにはこう書かれている。——「我々がこの結果について述べる前に特記しておいてよいことは、一八六二年にファラデーが磁気と光との関係を彼の最後の実験研究の課題としたということである。彼は、炎に強力な磁石を作用させたとき炎のスペクトル線に何らかの変化を発見しようと努力したが、無駄であった」。もし、ファラデーのような人が上述の関係の可能性を考えていたのならば、現在の優れた分光学の助けをかりて再び実験してみるのも、恐らく無駄ではないであろう。(『電子 物理学古典論文叢書8』斉藤幸江訳、東海大学出版会)

何の効果も認められなかったとファラデーは実験日誌に書いたが、それでも、彼の最後の実験は歴史の闇の中に消えてはいかなかった。マクスウェルがそれに注目し、さらに、マクスウェルの文章に触発されたゼーマンが、自分が生まれる三年前に行われた実験にもう一度、光を当てることになった。

引用文にあるように、ファラデーほどの科学者の着眼点にきっと狂いはないと、ゼーマンは確信した。実験が失敗に終わったのは、当時の測定装置の精度では、スペクトルの変化を検出することが難しかったのであろうと予測したのである。

そこで、ゼーマンはブンゼンバーナーから出るナトリウムの炎を強力な電磁石の磁極の間に置き、放射される光をローランド格子(一センチメートルあたり約五〇〇〇本の溝が刻まれた金属

図6-2　ローレンツ（『ノーベル賞講演 物理学1』講談社）

鏡）によって、スペクトルに分けてみた。ファラデーの時代に比べ、磁場の強さは高められ、分光精度はガラスのプリズムよりははるかに向上されるなか、実験は行われたのである。

このとき、ゼーマンが観測対象としたのは、D線と呼ばれるナトリウムの黄色いスペクトル線である。そして、ゼーマンは磁場を作用させるとD線の幅が広がることに気がついた。変化は起きていたのである。

ゼーマンはさっそく、この現象をライデン大学の指導教授ローレンツに報告した（図6－2）。ゼーマンの実験を聞いたローレンツは、スペクトル線は広がるのではなく、複数の線に分岐しており、それは偏光（光波の振動が特定の面に偏っている光）になっているはずだと予測した（これをゼーマン効果という。図6－3）。ローレンツの指摘どおり、ナトリウムのD線は磁場の作用を受けると確かに偏光していることを、ゼーマンはすぐに確かめた。また、D線よりも細いカドミウムの青緑色のスペクトル線について実験を行ったところ、広がるように見えた線は実は、複数の多重線に分かれていることが観測されたのである。

ゼーマンの実験結果に対し、ローレンツがこうした予測を立てたのは、原子の内部には発生源となる荷電粒子が存在し、それが振動していると考えたからである。そこに磁場が働くと、荷電粒子の運動に変化が生じ、その結果、ゼーマン効果が起きるというわけである。

ローレンツの理論にもとづき、ゼーマンは分岐したスペクトル線の間隔を測定し、荷電粒子の比電荷（荷電粒子の電荷と質量の比）を求めている。また、偏光の仕方から電荷の符号は負であることを決定している。

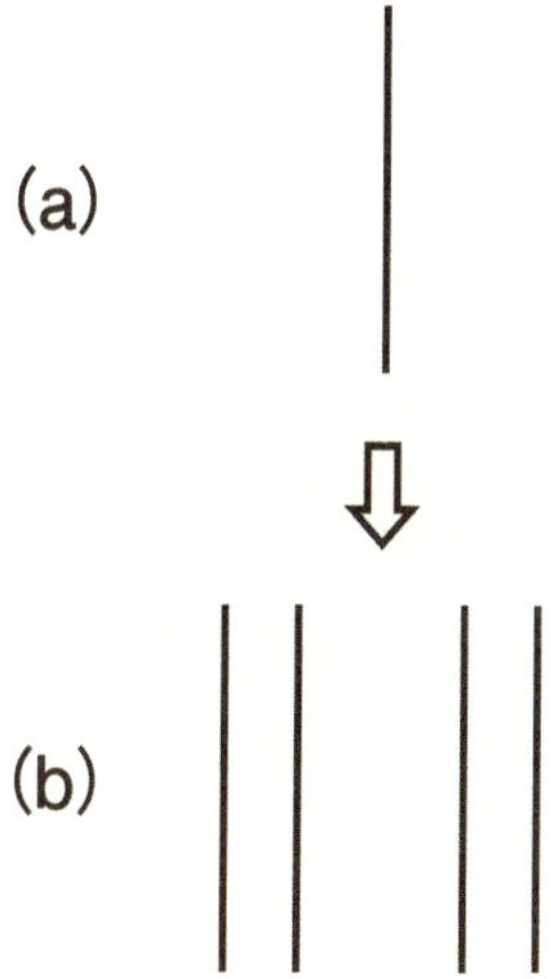


図6-3　ゼーマン効果の一例の模式図。(a) 磁場がない場合、1本であったスペクトル線が、(b) 磁場をかけると複数に分岐する。

こうして、ゼーマンはファラデー最後の実験を復活させ、原子の中に、その構成要素となる荷電粒子――これは電子に他ならない――が存在することを、ローレンツの理論に従って、〝透視〟したのである。

図6-4　J・J・トムソン（『ノーベル賞講演 物理学1』講談社）

## ファラデーと電子

ゼーマン効果の発見と並行して、もうひとつ、電子をめぐる実験がイギリスで進められていた。J・J・トムソンによる、放電管を用いた陰極線の研究である（図6－4）。そして、ここでも、ファラデーの先駆的な業績が深くかかわっていた。それは、一八三八年になされた「ファラデー暗部」の発見である（第4章「科学者クルックスの業績」参照）。

放電管を起動させると管内の気体が発光し始めるが、陰極付近には、ファラデー暗部と呼ばれる領域が発生する。こうした現象を通し、陰極から何かの放射線（一九世紀の後半、これは陰極線と呼ばれるようになった）が出ていることが知られるようになった。

陰極線の正体についてはエーテルの波動とする説と粒子の流れとする説が並立していたが、一八九七年、この論争に決着をつけたのがJ・J・トムソンである。彼は放電管の真空度を十分に高め、陰極線が管内の残留気体に衝突して気体を電離させる現象を抑える工夫を施した（図6－

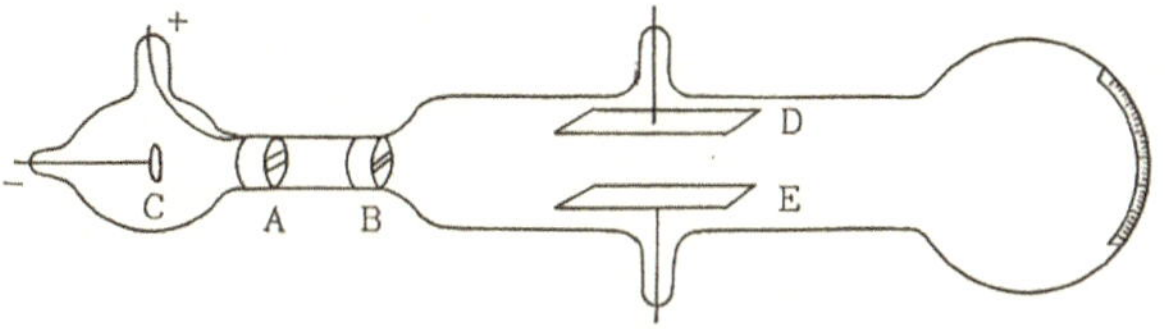


**図6-5　J・J・トムソンの放電管**（『電子 物理学古典論文叢書8』東海大学出版会より）

5）。そして、陰極Cから放射された陰極線をスリットA、Bで絞り、二枚の平行アルミ板D、Eの間を通過させるようにした。

このとき、D、Eを電池に接続すると、D、E間に生じた電場により、陰極線は進路が曲げられることが観測された。また、別の装置を用いた実験から、磁場を作用させたときも陰極線の進路が変化することが確認された。

こうして、電場、磁場の作用を受けることから、陰極線の正体は荷電粒子であることが突き止められ、進路の屈曲具合から、その比電荷が決定された。比電荷の値は、ゼーマン効果にもとづいて計算された原子内の粒子のそれとよい一致を見た。つまり、両者は同じ粒子だったのである。

さらに、J・J・トムソンは電極に用いる物質に何を選んでも、陰極線の比電荷は変化しないという実験結果を得た。この事実は、すべての種類の原子に共通に、同じ荷電粒子が含まれていることを示唆していた。それを透視したのがゼーマン効果であり、それを裸の状態で外に取り出したのが陰極線というわけである。

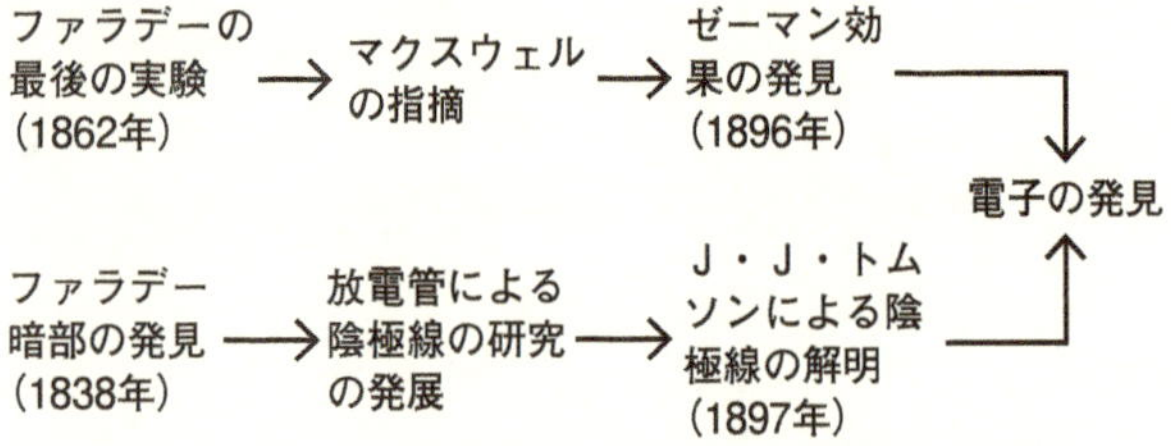


図6-6　ファラデーの実験から電子の発見までの流れ

こうして、電子は発見されるに至った。なお、“electron”という呼称が定着するのは一九〇〇年以降であり、ゼーマン効果に理論的説明を与えたローレンツはそれを“ion”と、また、J・J・トムソンは“corpuscle”（微粒子）とそれぞれ表現している。

ここで、ゼーマン効果の発見と陰極線の正体解明から電子が発見されるに至った流れをまとめると、図6－6のように表せる。

電子は人類が見つけた素粒子の第一号であり、これを基軸として、二〇世紀に入ると、ミクロの対象の研究が隆盛をきわめていくわけである（量子力学の確立も、その経緯の中に位置づけられる）。こうした物理学の新しい潮流が生まれる原点に、ファラデーの二つの実験はあったのである。

## ノーベル賞講演の中のファラデー

さて、ゼーマンとローレンツは一九〇二年、J・J・トムソンは一九〇六年、それぞれ、ノーベル物理学賞を受賞する。その際に行われた授賞のことばと受賞講演においても、ファラデーの先駆的な研究が再三にわたって触れられている。

一九〇二年、授賞のことばを述べたスウェーデン王立科学アカデミー総裁のティールは、電磁気学の創設者であるファラデーが光に及ぼす磁気の影響を検出しようとした最後の実験は失敗に終わったが、ゼーマンがこの問題を取り上げ、光のスペクトル線が複数に分岐する効果を発見したと語り、歴史の中で果たしたファラデーの役割の偉大さに言及している。

また、ゼーマン自身も一八四五年になされたファラデー効果の発見について語った後、一八六二年三月一二日という日付を明記して、ファラデーが「何の効果も認められなかった」と記述した実験日誌の内容を紹介している。そして、失敗には終わったものの、光と磁気の相関現象の検出にかけるファラデーの情熱がいかに強かったかがわかると、ゼーマンは述べている。そうしたファラデーの熱い思いが、ゼーマン効果発見の引き金となったのである。さらに、一九〇六年、J・J・トムソンへ授賞のことばを贈ったスウェーデン王立科学アカデミー総裁のクラーソンは、ファラデーの電気分解の法則（第3章「電気分解の法則」参照）を引き合いに出し、物質の電気量は素電荷と呼ばれる量を単位として、その整数倍で与えられるという観点から、電子の発見が示す重要性を論じている。

第4章で「ファラデーの〝架空のノーベル賞〟」の話を書いたが、現実のノーベル賞受賞者の研究の中でも、ファラデーの業績はこのように脈打っていたのである。

## 重力と電気

実は、ファラデーにはもうひとつ、成功はしなかったものの、その先見性に驚かされる重要な研究がある。それは、一八五〇年に王立協会で発表された論文「重力と電気の考えられる関係について」である（『フィロソフィカル・トランズアクションズ』への掲載は一八五一年。『ファラデー電気実験』に収録）。

その論文は、次のような書き出しで始まっている。

自然界のすべての力は同じ起源をもって相互に依存し合い、たったひとつの基本的な力が異なった形で現れたものだとする信念を、私は長いこと変わらずにもちつづけてきた。そこで、実験によって重力と電気の関係を明らかにし、磁気、化学的な力、熱を含む多様な力の現れ方を共通する関係で結びつける枠組みの中に、重力も一緒に組み込めるのではないかと考えてみた。

この文章からすぐに思い浮かぶことは、電磁誘導の発見であろう。磁場の中で導体が運動すると、電流が発生するという現象である（第3章「電磁誘導の発見」参照）。そこで、ファラデー

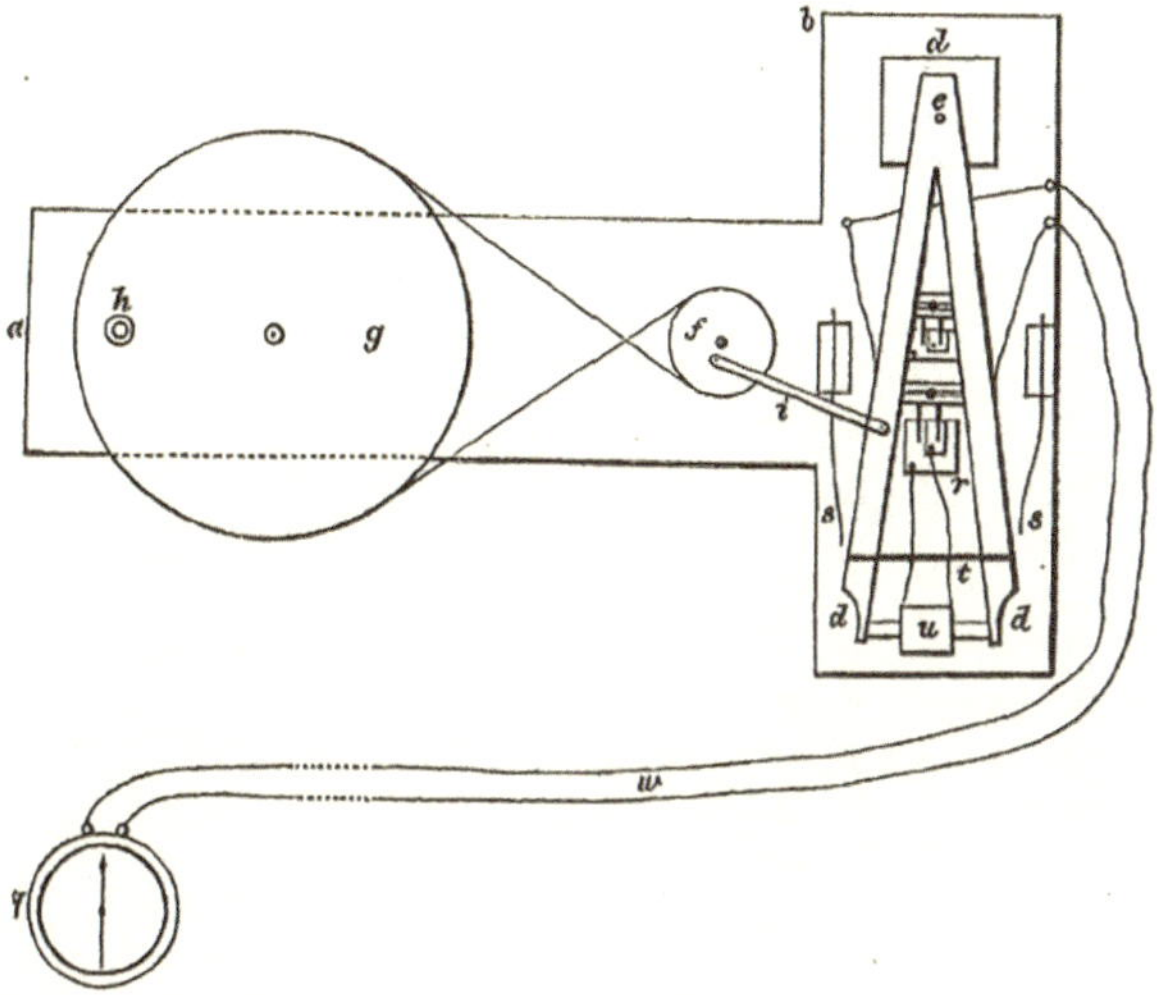


**図6-7　ファラデーが組み立てた装置**（『ファラデー電気実験』より）

は重力場の中で物体を動かせば、同じように、電流が誘発されるのではないかと予測したわけである。

それを検出すべくファラデーが組み立てた装置が、図6－7である。

図の右側にある山形の部品dddは木製のレバーで、山の裾にはコイルuがレバーの両腕の間に連結されている。大小の円f、gは回転盤で、両者はひもでつながれており、ハンドルhによって連動して回るようになっている。回転盤の運動は棒iを通してレバーに伝えられ、それにともなって、コイルも動くように工夫されている。装置全体はワイヤーwによって左下に描かれた検流計qに接続されている。

このような準備をした上で、ハンドルを操作し、レバーを左右に揺り動かすとコイルも一緒に振動することになる。そこで、重力場の中でコイルを激しく運動させれば、電磁誘導のアナロジーから、電流が生じるのではないかと、ファラデーは目論《もくろ》んだわけである。ところが、目論見は完全にはずれ、何の効果も見出せなかった。それでも、ファラデーは論文の最後にこう書いている。

実験結果は否定的なものであった。重力と電気の関係を示す証拠は何も得られなかった。しかし、だからといって、両者の間に関係が存在すると固く信ずる私の気持ちは、少しも揺らぐものではない。

実際、ファラデーは一八五九年、実験方法を変えて、再び、この問題に取り組んでいる。新たに取り組んだ実験は、高さが五〇メートルもある弾丸製造塔《ショット・タワー》を使うという大がかりなものであった。ここで、弾丸製造塔とは、上から溶かした鉛を底に貯めた水に落として、弾丸をつくる施設である。

ファラデーはこの塔の中で、鉛の塊を垂直に運動させ、重力の作用によって鉛の塊が帯電するかを調べてみた。しかし、電気が生じた兆候は見られず、今回も実験結果は否定的なものに終わった。

さきほど引用した一八五〇年の論文にあるとおり、ファラデーは自然界すべての力は同じ起源をもち、相互作用をすると考えたわけである。で、当時、知られていた自然界の基本的な力といえば、重力と電磁気力の二つだけであった。後者は、それまで独立とみなされていた電気と磁気の力が統一されたものであるから、その延長線上に重力もまた組み込めるはずと、ファラデーは考えたわけである。

図6－7で示した装置による実験や弾丸製造塔で行われた実験はいずれも、現代物理学の視点で振り返れば、いささか見当はずれな試みであったといえなくもない。ではあるものの、一見、異なる作用のように映る力の起源が同じなのではないかと予測したファラデーの捉え方は、その後、物理学の基本的な枠組みとして定着していくことになる。それはファラデーの慧眼《けいがん》のなせる技であった。

## アインシュタインの夢

ファラデーと共通する観点に立って、重力と電磁気力の統一に挑んだのが、かのアインシュタインである。

アインシュタインは一九一五年、一般相対性理論を発表する。これは重力を時間と空間の幾何学構造の顕《あらわ》れとして記述する理論である。そして、その翌年、一般相対性理論の帰結として、重力場（重力が作用する領域）が波動となり、光速で真空中を伝播する重力波の存在を理論的に予言した。これは、そのほぼ半世紀前、マクスウェルが電磁場の方程式を構築し、そこから光速で走る電磁波を導き出したことに対応する（小山慶太『光と重力　ニュートンとアインシュタインが考えたこと』講談社ブルーバックスの第3章参照）。

そこで、アインシュタインは一九二五年、プロイセン科学アカデミー紀要に「重力と電気力の統一場理論」と題する論文を発表している。ファラデーが実験によってアプローチしようとした重力と電磁気力の統一に、アインシュタインは数学を用いて挑んだのである。なお、この時代においてもまだ、自然界の基本的な力のうち既知のものは重力と電磁気力の二つだけであった。

ところが、その後、素粒子の研究が進む中、弱い相互作用と強い相互作用と呼ばれる二つの新しい基本的な力がつけ加えられるようになる。簡単にいうと、前者は素粒子を崩壊させる力、後者は素粒子を結合させる力で、いずれもミクロの世界にしか現れない（この点がマクロの世界で観測される重力、電磁気力と異なるため、一九三〇年代に入るまで、その作用が気がつかれなかったのである）。つまり、ミクロからマクロまで、宇宙に生起する森羅万象は、以上四つの力に支配されているわけである。

ということは、ファラデーやアインシュタインがめざした問題を解決するには、本来、これら四つの力を対象にしなければならなかった。その意味で、重力と電磁気力しか知られていなかった段階で力の統一に挑んだのは、後から見れば、時期尚早であったということになる（換言すれば、着眼点としては、先見の明に長けていたともいえる）。

加えて、これも後からわかったことであるが、四つの力を束ねようとしたとき、取り扱いがもっともやっかいで、他の力と一番相性が悪かったのがじつは重力だったのである。結果、アインシュタインは生涯をかけて、この問題に取り組みつづけたものの、ついに成功することはなかった。

それでも、アインシュタインが追い求めた夢は彼の没後、部分的には実現されつつあるが、二一世紀に入っても、重力だけは統一の枠組みからあいかわらず遠いところにあるといえる。

## 力の統一理論とファラデー

一九六〇年代の後半、四つの基本的な力のうち、まず、電磁気力と弱い相互作用を統一する理論が導き出された。

現代物理学では、電磁気力は光子、弱い相互作用はウィークボソンと呼ばれる素粒子を媒介にして伝達されると解釈されている。質量がゼロの光子と、陽子の約一〇〇倍も重いウィークボソンはまったく別の粒子ではあるが、初期の宇宙（宇宙誕生から$10^{-11}$秒後）は$10^{15}$度の超高温、超高密度状態にあったため、こうした環境の中では、ウィークボソンの質量もゼロとなり、光子と同じ粒子になってしまう。したがって、電磁気力と弱い相互作用の区別もつかなくなり、両者はひとつの力（これを電弱力と呼ぶ）に統一されるのである。

こうした統一理論を構築したアメリカのグラショーとワインバーグ、そしてパキスタンのサラムは一九七九年、ノーベル物理学賞を受賞している。また、統一理論から存在が予言されたウィークボソンは一九八三年、CERN（欧州合同原子核研究機構）の実験で発見され、実験を主導したイタリアのルビアとオランダのファン・デル・メーアにも一九八四年、ノーベル物理学賞が贈られている。

ひとつのテーマに対して、理論と実験それぞれの業績により二回ノーベル賞が授与されたということは、力の統一理論が現代物理学において、いかに重要視されているかを物語っている。

その後、電弱力に強い相互作用を取り込み、三つの力をまとめる大統一理論の構築も試みられている。さきほど述べた宇宙誕生から$10^{-11}$秒よりさらに時間を遡り、より超高温、超高密度の世界に戻ると、重力を除く三つの力に区別がつかなくなるというわけである。

そして、宇宙が誕生した時点においては、四つの力すべてがひとつにまとまっていたものと考えられているが、それを記述する〝超統一理論〟の創設はいまも、めどが立っていない。それほどに、ニュートンがその法則を最初に発見した重力は扱いがやっかいなのである。

ところで、いま、宇宙の誕生を起点に時間の流れに沿って話をしてきたが、要するに、宇宙創造の時点では力はひとつしかなかったわけである。それが宇宙の膨張につれ、温度、密度が下がるとともに、そこから、まず、重力が分岐し、つづいて強い相互作用が、そして最後に——といっても、宇宙誕生からまだ、$10^{-11}$秒しか経っていなかったが——、残る二つの電磁気力と弱い相互作用が分岐し、四つの力になったと考えられているわけである。

ファラデーはさきほど紹介した一八五〇年の論文の冒頭で、「自然界のすべての力は同じ起源をもち、たったひとつの基本的な力が異なった形で現れたものだ」と書いている。ファラデーの頭の中にあったのは重力と電磁気力だけで、素粒子を支配する他の二つの力は当時、まだ知られていなかったものの、同じ起源をもつ力が異なる形で現れているとするファラデーの信念は、二一世紀の物理学に脈々と受け継がれているわけである。

グラショーらがノーベル物理学賞を受けた一九七九年、授賞のことばを贈ったスウェーデン王立科学アカデミーのナーゲルは、こう述べている。

物理学は、一見、関係がないと思われる現象を共通の原因に帰着させることを通して進歩してきた。古典的な例でいえば、ニュートンが重力によって、リンゴの落下と地球を回る月の運動を説明したことがあげられる。また、一九世紀には、電気と磁気は電荷の間に生じる電磁気的な相互作用という、ひとつの同じ力がみせる二つの側面であったことが発見されている。
("Nobel Lectures in Physics 1971-1980", World Scientific)

これをもじれば、いつか将来、重力も取り込んだ超統一理論が完成したとき、ノーベル賞の授賞式で、その研究のルーツとしてファラデーの一八五〇年の論文があったことに、あらためてスポットライトが当てられるのではないかと思う。それは果たして、いつの日のことであろうか……。

## キャヴェンディッシュの未発表の遺稿

ところで、本章の初めに取り上げたゼーマン効果が発見されたきっかけは、マクスウェルがファラデーの生涯をたどった一文の中で、失敗に終わったにもかかわらず、彼が行った最後の実験を見落とさず、その存在を指摘したことにあった。いわば、マクスウェルは忘れられかけていたファラデーの業績を〝発掘し〟それに気がついたゼーマンが光と磁気の実験を再現したとまとめられる。

そして、マクスウェルはもうひとつ、さらに壮大な発掘と再現のドラマを演じることになる。マクスウェルはキャヴェンディッシュ研究所の初代所長をつとめる傍ら、一〇〇年間、人知れず埋もれていたヘンリー・キャヴェンディッシュの電気学研究を掘り起こすのである（第1章「〝奇人〟科学者キャヴェンディッシュ」、第2章「マクスウェルの教授就任講義」参照）。

表1－1に示したように、キャヴェンディッシュは生前、一七六六年から一八〇九年にかけ、王立協会の『フィロソフィカル・トランズアクションズ』に一八編の論文を発表している。その中には、水素の発見（一七六六年）、水素と酸素による水の合成（一七八四年）、ねじり秤を応用した地球の密度測定（一七九八年）など、歴史上よく知られた研究が含まれている。

ところが、第1章で触れたとおり、これらの論文はキャヴェンディッシュの業績のごくごく一部にすぎなかった。一八一〇年、キャヴェンディッシュが亡くなったとき、莫大な財産とともに、未発表の膨大な量に及ぶ手稿（実験ノート）が遺されたのである。

それから六四年が経過した一八七四年、キャヴェンディッシュ研究所の建物が完成した（図2－19、20参照）。なお、ケンブリッジ大学に新しい物理学の研究所を開設する資金を寄附したのは、同大学総長をつとめていたデヴォンシャー公爵ウィリアム・キャヴェンディッシュである（第2章「ケンブリッジの実験物理学講座の新設」参照）。

ウィリアム・キャヴェンディッシュは、ヘンリー・キャヴェンディッシュのいとこのひ孫に当たることから、偉大な先祖が遺した手稿の山を受け継いできた。そこで、研究所が完成した折に、公爵はその中から電気学の実験が記録された二〇束の手稿をマクスウェルに預け、その解読を依頼したのである(内訳は一八束が一七七一年から七三年、残りの二束が一七七五年から八一年までの日付となっていた)。

これを機に、五年間に及ぶ、マクスウェルの発掘作業が始まるのである。それは科学史上、類を見ない壮大なドラマの幕開けとなった。

## 一〇〇年前へタイムスリップ

一八七四年、マクスウェルはキャヴェンディッシュの手稿をデヴォンシャー公爵から受け取ると早速、研究所の若手物理学者ガーネットを助手にして、発掘作業を開始した。山のような手稿を整理、分類し、筆写に取りかかったのである。

とはいっても、手稿はキャヴェンディッシュが自分だけのために書きとめた覚え書きのようなものであっただけに、その判読は相当にやっかいなものであった(図6-8)。また、使われた用紙もさまざまで、たとえば、王立協会から送られてきた評議員選挙の通知の裏に、実験データが記録されたりしている(社交を避け、世俗を超越した隠者のような生活を送っていた科学者にとって、評議員選挙など、何の関心もなかったのであろう)。

当時、マクスウェルは新設の研究所の責任者として、その運営業務に忙殺されていた。したがって、手稿にかかわる仕事はもっぱら、夜に行われており、深夜に及ぶこともしばしばであった

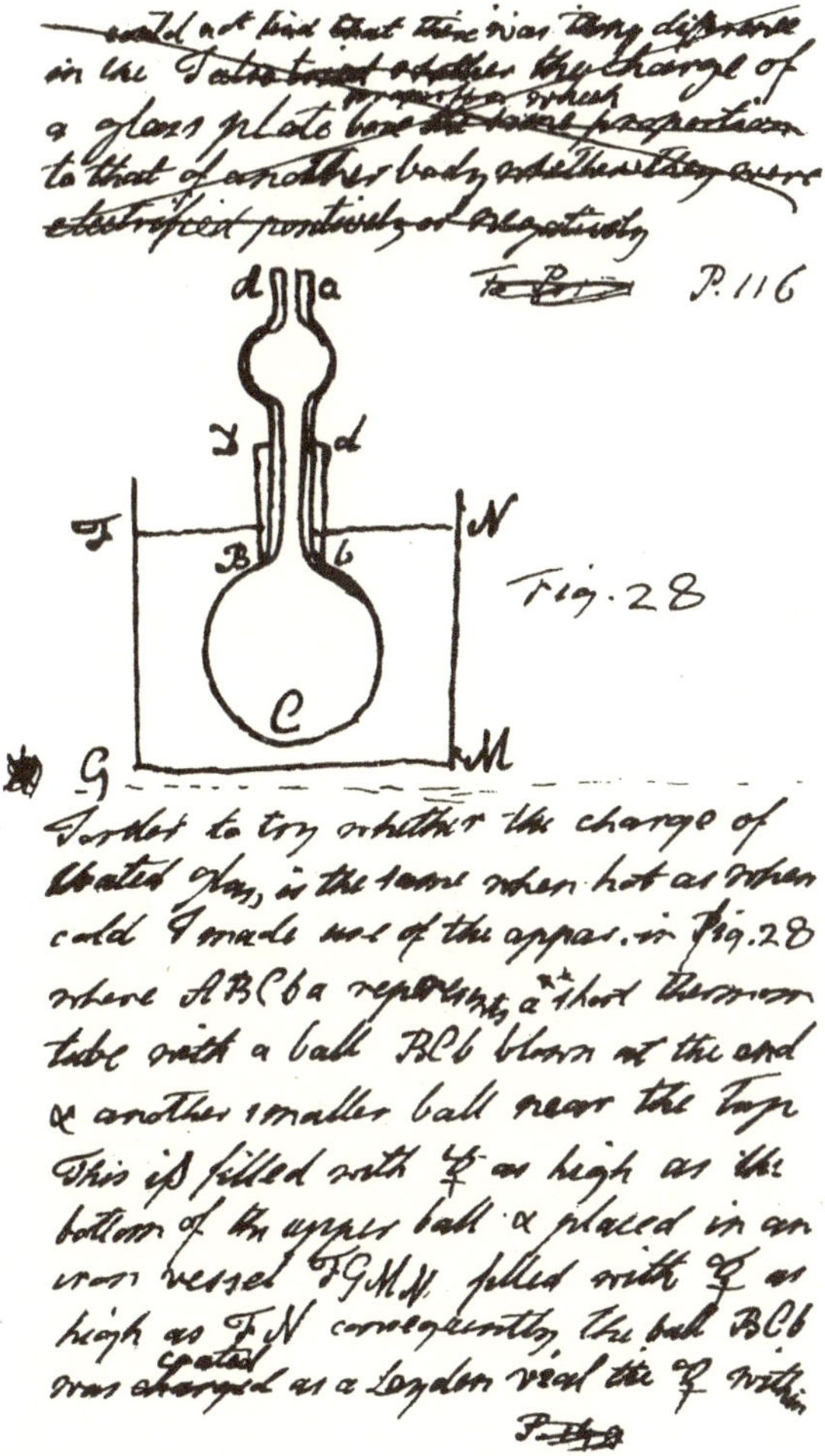


図6-8　キャヴェンディッシュの手稿（"The Electrical Researches of the Honourable Henry Cavendish", ed. by J. Clerk Maxwell の復刻版、Frank Cass, 1967 より）

と、ガーネットは書き残している。

一八七六年夏——発掘作業を始めてから二年後——、マクスウェルはデヴォンシャー公爵に宛てた手紙で、手稿の整理、筆写が順調に進捗していることを報告し、どうして、キャヴェンディッシュはこれらの成果を公表しなかったのか不思議であると書いている（『マクスウェル書簡集』）。

さらに、マクスウェルはキャヴェンディッシュが行った実験をひとつひとつ、彼が記録した手順に沿って追試し、その結果を確認していった。キャヴェンディッシュ研究所の一隅は、まるで一〇〇年前の一八世紀後半にタイムスリップしたかのような光景を呈したのである。

こうして、五年間に及ぶマクスウェルの発掘、再現作業は完了し、それは一八七九年一〇月、『ヘンリー・キャヴェンディッシュ電気学研究』と題してまとめられた（"The Electrical Researches of the Honourable, Henry Cavendish", ed. by James Clerk Maxwell, Cambridge at the University Press。なお、図6－8はその復刻版による）。

この本は一九二一年、『キャヴェンディッシュ科学論文集・第一巻　電気学研究』として再版されたが、その序文に、ラーモア（電子論の業績で知られるケンブリッジ大学教授）はこう書いている。「一人の科学者が遺した未発表の記録を、かくも綿密に整理し、完全な形で復元した例は、科学の歴史を通じ、おそらく他に見られないことであろう」（"The Scientific Papers of the

Honourable Henry Cavendish, F. R. S. vol. 1, The Electrical Researches", Cambridge at the University Press)。

そして、完全な形で復元されたキャヴェンディッシュの実験から、数々の驚愕の事実が明らかにされるのである。

## 発掘された驚愕の事実

キャヴェンディッシュの手稿の中でマクスウェルがその重要性を指摘しているもののひとつに、「電気力の法則の電気的な決定」がある。この実験によって、電気力は距離の二乗に逆比例して減少することが証明されている（図6-9、10）。これは「クーロンの法則」に他ならない。

フランスのクーロンがねじり秤（金属線のねじれる角度によって、作用する力の大きさを測る装置）を用いて、重力と同様、電気力も逆二乗則に従うことを発表するのは、一七八五年である。つまり、それより一〇年以上も前に、独自の方法で、キャヴェンディッシュはクーロンの法則を先取りしていたわけである。

なお、キャヴェンディッシュの実験では、逆二乗則からのずれは五〇分の一以下であったと記録されているが、これは当時、用いられていた測定器の精度によるものであった。一〇〇年後、マクスウェルがトムソン型象限電位計という新しい測定器を使って同じ実験を試みたところ、逆

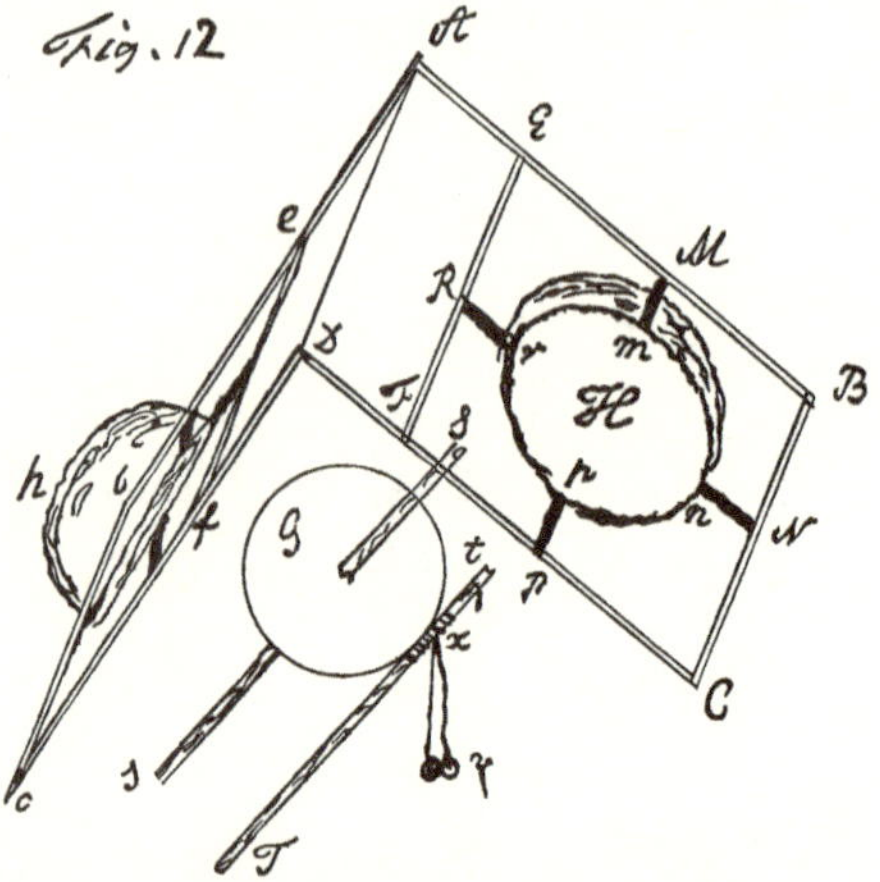

図6-9　電気力の法則の実験に用いられた装置のキャヴェンディッシュによるスケッチ（図6-8の前掲書より）

図6-10　マクスウェルが復元したキャヴェンディッシュの装置（『マクスウェル書簡集』より）

二乗則からのずれは二万一六〇〇〇分の一まで抑えられたという。これはキャヴェンディッシュの実験がいかに卓抜であったかの証左であった。

この点に関し、マクスウェルは一八七七年、ケンブリッジ哲学協会で発表した「キャヴェンディッシュの未発表電気学論文について」の中で、こう述べている。

もし、この実験がキャヴェンディッシュの生前に発表されていたとすれば、電気測定の科学の進歩はもっと早かったであろう。というのも、キャヴェンディッシュの実験方法はクーロンのそれよりも、より大きな価値のある結果をもたらせただけでなく、クーロンが用いた装置の実験より簡単に実行できたからである。(『マクスウェル書簡集』)

マクスウェルが語った「もし……」という歴史のifが実際に起きていたとすれば、「クーロンの法則」は「キャヴェンディッシュの法則」と呼ばれて、今日の教科書に載っていたはずである。

さらに驚かされるのは、一八二七年、ドイツのオームが発見した電圧と電流の比例関係を与える「オームの法則」に該当する結果を、それより半世紀近くも前の一七八一年、キャヴェンディッシュはすでに見出していたことである。

キャヴェンディッシュは塩の溶液を満たし、両端にコルク栓を詰めたガラス管に栓を通して導線を差し込んだ器具を用意した。そこに当時、広く用いられていたライデンびんと呼ばれる蓄電器から取り出した電気を、導線を通して導き入れたのである。ここで、管の両端に差し込んだ導線が電極の役割を、また、管に満たした塩の溶液が電気を流す導体の役割を果たしている。そして、管内の液柱の長さ（導体の長さ）が電気抵抗の大きさに比例することになり、その値は導線の位置を変化させることで調節できた。こうして、溶液中を流れる電流が測定された（ちなみに、キャヴェンディッシュが実験を行ったとき、電池はまだ発明されていなかった）。

といっても、検流計がなかった時代のこと、キャヴェンディッシュは自分の体で電流の強さを測ったのである。どういうことかというと、キャヴェンディッシュは両手に金属棒を持ち、一方の棒をライデンびんに、もう片方を溶液の電極に接触させたのである。このとき、体の中を電流が流れることになる。つまり、体に感じる電気ショックの強弱で電流の量を推し測ろうというわけである。ショックが強いほど、電流は多量に流れたわけであるから、そのぶん、電気抵抗は小さいということになる。

マクスウェルはこれを〝生理学的検流計〟（physiological galvanometer）と表現している。言い得て妙である。こう書くと、精度の粗い、乱暴な実験を行ったかのような印象を受けるかもしれないが、どうしてどうして、検流計を使った測定結果と比べても、キャヴェンディッシュが求めたデータはきわめて正確であり、彼こそオームの法則の最初の検証者と呼べるとマクスウェルは書いている。

さきほどの「歴史のif」を借用すれば、オームの法則もキャヴェンディッシュの法則として、今日の教科書に載っていたのかもしれない。また、この実験と関連して、キャヴェンディッシュは、希薄溶液中では、電気抵抗と塩の濃度の積が一定になることも発見している。ドイツのコールラウシュがこれと同じ実験結果を得るのは一八七〇年代に入ってからのことになる。

もう一例あげておくと、キャヴェンディッシュはコンデンサーの容量を、用いる絶縁体の物質をいろいろと替えながら測定し、その値を比較している。そして、空気を入れたコンデンサーよりも固体の絶縁物質によるコンデンサーの方が、容量がはるかに大きくなることを発見した。これは、ファラデーの誘電率の発見に先行するものといえる（第3章「静電誘導と誘電体」参照）。

ところが、かくも華々しい業績をあげながら、キャヴェンディッシュはそれらを公表せず、第一発見者たる栄誉に恬淡としていた。先取権《プライオリティ》の獲得をめぐって競争する科学者の一般的な心理からすると、キャヴェンディッシュの振る舞いは、きわめて異常なことといえる。

マクスウェルは発掘、復元作業を終えた後、こうした姿勢を取りつづけたキャヴェンディッシュに対する思いを、『キャヴェンディッシュ電気学研究』の序文にこう綴っている。

キャヴェンディッシュにとっては、研究そのものが重要なのであり、発表はどうでもよかったのである。キャヴェンディッシュは彼以外、誰も理解することのできない、あるいは、その存在に気がつくことすらなかったような難しい問題を解決するために、もっとも骨の折れる研究に取り組み、その結果がうまくいっていれば、それだけで満足していたことは間違いない。普通の科学者なら結果を発表して発見の栄誉を確保しようとするものであるが、キャヴェンディッシュはそうしたことにまったく関心を示さなかった。キャヴェンディッシュの研究が他の科学者にいかに知られぬままであったかは、その後の電気学の歴史が物語るとおりである。

引用文からは、五年間、膨大な手稿を通してキャヴェンディッシュと向き合ったマクスウェルの感慨が伝わってくる。それにしても、「事実は小説より奇なり」という言葉が思い浮かぶような、ミステリアスな科学者がいたものである。

## マクスウェルと科学史

ところで、マクスウェルは「もし、キャヴェンディッシュが生前、実験成果を発表していれば、科学の進歩はもっと早かったであろう」と書いたわけであるが、見方を変えれば、こういうことがいえる。

未発表のまま手稿に埋もれた数々の業績に限っていえば、マクスウェルがそこに光を当てるまで、科学史の中でキャヴェンディッシュという人物は存在しなかったことになる（それまでに公にされていたのは、表1－1の研究だけであったので）。しかし、キャヴェンディッシュがたとえ存在しなくても――時間的な遅れはあったが――、電気力の逆二乗則も電流と電圧の比例法則も、誘電率も希薄溶液の電気伝導の法則もすべて、結局は別の科学者によって発見されたわけである。

マクスウェルの発掘作業により、キャヴェンディッシュの電気学研究の全貌が明らかにされたとき、人々はその先駆性に驚いた。驚いたが、キャヴェンディッシュの未発表の業績の中で、後世まで発見されなかったものはひとつもなかったのである。つまり、歴史はキャヴェンディッシュの〝沈黙〟を完全に埋め合わせたことになる。

よく、「もし、ニュートンがいなかったら……」という問いかけをすることがある。それでも、「いつか力学は生まれたのか？」「相対性理論は生まれたのか？」という疑問に対し、その答えを検証する術はなかろうが、キャヴェンディッシュの特異な事例は、こうした問題を考える上で、ひとつのヒントを与えているように思われる。

というのも、仮に特定の天才が現れなくとも、その人物の存在とはいわば独立に、科学の歩みとは大局的に捉えれば、ある宿命的な潮流に乗って進んでいくような気がするからである。キャヴェンディッシュが沈黙した部分の〝代役〟を——まったく同じスタイルではないにしても——遅れて、クーロン、ファラデー、オーム、コールラウシュがつとめたわけである。

こう考えると、マクスウェルは物理学だけでなく、科学史、科学哲学の領域においても大きな貢献を果たしたといえそうである。

## マクスウェルの最期

さて、『キャヴェンディッシュ電気学研究』の編纂《へんさん》を終えたころ、マクスウェルの健康状態はかなり悪化していた。腹部のガンに冒されていたのである。

一八七九年の夏、療養のため、故郷のグレンレアーで過ごしていたマクスウェルを、病状を心配した友人のキャンベル（セント・アンドリュース大学教授）が見舞っている。このとき、マクスウェルはわざわざ、少年時代、初めて書いた卵形曲線の論文原稿（第2章「マクスウェルの数学の才能」参照）と、従姉妹が描いてくれた水彩画（図2-3）を取り出し、キャンベルに見せたという。幼い日々への懐旧は、死期が近いことへの悟りの現れだったのかもしれない。

実際、一〇月三日、ガーネットに宛てた手紙には、「概して体はますます弱っていくようだ。エジンバラのサンダース医師からは、すぐにケンブリッジに戻るよう勧められた」と書いている。マクスウェルの病状がきわめて厳しく、余命が一ヵ月ほどしかないと診断したサンダース医師は、ケンブリッジにいる緩和ケアの専門医の治療を受けるよう患者に告げたのである。

その数日後、ケンブリッジに戻ったマクスウェルは一一月五日、四八年の生涯を閉じた。偉大な物理学者の訃報が伝えられたのは、最後の大仕事となった『キャヴェンディッシュ電気学研究』の刊行から、わずか一ヵ月ほどのことであった。

# おわりに

アインシュタインが亡くなる二週間前の一九五五年四月、アメリカの科学史家Ｉ・Ｂ・コーエンはプリンストンにあるアインシュタインの自宅を訪れ、科学思想や歴史上の物理学者について語り合った（これが、アインシュタインが受けた最後のインタビューとなった）。

天才の自宅はこぢんまりとした木造の家で、インタビューは大きな窓から外の緑が望める書斎で行われた。二方の壁は書棚になっており、床から天井まで本がずらりと並んでいた。そして、もう一方の壁には、二人の偉大な物理学者の写真が飾られていた。二人とは、そう、電磁気学を創設したファラデーとマクスウェルである（『図説アインシュタイン大全　世紀の天才の思想と人生』Ａ・ロビンソン編著、東洋書林。書斎のアインシュタインの写真も同書より）。

ところで、最後のインタビューから遡ることちょうど五〇年前の一九〇五年、アインシュタインは相対性理論最初の論文となる「運動物体の電気力学について」を発表しているが、それは次の一文で始まっている。「現在の物理学の解釈に従うと、マクスウェルの電気力学を運動物体に適用した場合、ある種の非対称性が生じる」（なお、アインシュタインのいう電気力学とは電磁

自宅の書斎で過ごすアインシュタイン

気学と同義である)。
ここで指摘されている〝非対称性〟とは、簡単にいうと、観測者の運動状態によって、同じ電磁気現象の解釈の仕方に矛盾が生じるという意味である。その一例として、アインシュタインはファラデーの電磁誘導の法則を引き合いに出し、磁石と導体のうち、どちらを静止させ、どちらをそれに対して動いているとみなすかによって、電流の発生機構の説明がまったく異なるものになると述べている。
運動を記述するのは力学であるから、これは要するに、力学の法則と電磁気学の法則の間に整合性がないといっているわけである。つまり、こうした不整合性の解消をめざしたことが相対性理論の出発点であった。
そこで、どういう運動状態にある観測者から見ても、マクスウェル方程式(電磁誘導の法則もここに含まれる)の形が不変に保たれる座標変換が導入された。これに基づくと、ニュートンが想定した絶対静止の空間は不要となり、時間も空間も観測者の運動状態に依存した相対的な概念へと変化したわけである。一方、光速は光源、観測者の運動にかかわらず、常に不変という結論が導き出され、力学と人間の常識に根本的な修正が迫られたという次第である。

相対性理論はもっぱらニュートン力学に対比され、それを超える普遍性を備えた体系と表現されることが多い。確かにそのとおりなのであるが、いま触れたように、電磁気学が確立されたからこそ、この世紀の大理論は誕生したわけである。力学だけが単独で存在するままであったとすれば、それを乗り越える革新的な理論が築かれることはなかった。

こうして、電磁気学を創設した二人の業績はアインシュタインの思想を通して、現代物理学の基盤をなす理論へと受け継がれていったのである。

ファラデーとマクスウェルの写真がアインシュタインの書斎に並んで飾られていた光景は、それを物語っているかのようである。

［わ行］

［さ行］

# さくいん

N.D.C.402　269p　18cm

ブルーバックス　B-1982

光《ひかり》と電磁気《でんじき》　ファラデーとマクスウェルが考《かんが》えたこと
電場とは何か？ 磁場とは何か？

2016年8月20日　第1刷発行
2024年9月13日　第3刷発行

著者　小山慶太《こやまけいた》

発行者　森田浩章
発行所　株式会社講談社
〒112-8001 東京都文京区音羽2-12-21
電話　出版　03-5395-3524
販売　03-5395-4415
業務　03-5395-3615
印刷所　（本文表紙印刷）株式会社ＫＰＳプロダクツ
（カバー印刷）信毎書籍印刷株式会社
製本所　株式会社ＫＰＳプロダクツ

定価はカバーに表示してあります。



ISBN978-4-06-257982-7

発刊のことば

# 科学をあなたのポケットに

二十世紀最大の特色は、それが科学時代であるということです。科学は日に日に進歩を続け、止まるところを知りません。ひと昔前の夢物語もどんどん現実化しており、今やわれわれの生活のすべてが、科学によってゆり動かされているといっても過言ではないでしょう。

そのような背景を考えれば、学者や学生はもちろん、産業人も、セールスマンも、ジャーナリストも、家庭の主婦も、みんなが科学を知らなければ、時代の流れに逆らうことになるでしょう。

ブルーバックス発刊の意義と必然性はそこにあります。このシリーズは、読む人に科学的に物を考える習慣と、科学的に物を見る目を養っていただくことを最大の目標にしています。そのためには、単に原理や法則の解説に終始するのではなくて、政治や経済など、社会科学や人文科学にも関連させて、広い視野から問題を追究していきます。科学はむずかしいという先入観を改める表現と構成、それも類書にないブルーバックスの特色であると信じます。

一九六三年九月

野間省一

ブルーバックス　技術・工学関係書（Ⅱ）